交互设计原理与方法

主编　马　华

参编　周　沁　陈一昕

北京理工大学出版社

BEIJING INSTITUTE OF TECHNOLOGY PRESS

内 容 提 要

　　本书融合了编者近十年来在信息交互设计专业方向交互设计教学方面的经验，将教学团队在实际教学过程中探索形成的行之有效的教学结构与方法构建在内容之中。本书的知识模块、教学体例和配套作业都经过了多年教学的实践与优化，符合学习认知的规律和交互设计的内容特点，可为相应的专业教学提供有效的参考，从而引导学生了解并掌握交互设计的知识与方法。本书内容包括交互设计概念导入、从研究探索到概念原型、从原型到页面视觉设计、交互与动效设计。四部分内容从概念到实践，从抽象到具象，将知识点融合在交互设计流程的每个环节中，循序渐进，与知识点的推进密切配合，可使学生所学知识逐渐得到内化，实践能力得到提升。

　　本书可作为高等院校交互设计专业的教材，也可供从事交互设计相关工作的人员参考使用。

图书在版编目（CIP）数据

交互设计原理与方法 / 马华主编.--北京：北京
理工大学出版社，2021.6
　ISBN 978-7-5763-0004-8

　Ⅰ.①交…　Ⅱ.①马…　Ⅲ.①人-机系统－系统设计
－研究　Ⅳ.①TP11

　中国版本图书馆CIP数据核字（2021）第134932号

出版发行 / 北京理工大学出版社有限责任公司	
社　　址 / 北京市海淀区中关村南大街5号	
邮　　编 / 100081	
电　　话 / （010）68914775（总编室）	
（010）82562903（教材售后服务热线）	
（010）68944723（其他图书服务热线）	
网　　址 / http://www.bitpress.com.cn	
经　　销 / 全国各地新华书店	
印　　刷 / 河北鑫彩博图印刷有限公司	
开　　本 / 889毫米×1194毫米　1/16	
印　　张 / 7	责任编辑 / 钟　博
字　　数 / 184千字	文案编辑 / 钟　博
版　　次 / 2021年6月第1版　2021年6月第1次印刷	责任校对 / 周瑞红
定　　价 / 72.00元	责任印制 / 边心超

在当下我国智能制造大力发展和互联网产业转型升级的背景下，设计已经无处不在。在智能产品的设计中，交互设计成了设计人员必须了解并掌握的思维方式与设计新技能。同时，交互设计也因其"以人为本"的设计思维而成为各领域设计的内在理念和方法载体。

交互设计注重"研究"与"设计"的关系，理解用户的内在需求与体验，并在"不确定"到"确定"的探究过程中，寻找合理的设计解决方案。交互设计的学习从发展"同理心"到实践"同理心"，既发挥"想象力"，又遵循"逻辑性"；既追求"美"，又注重"实用性"。因此，这是一个跨界的实践过程。

本书由马华担任主编，周沁和陈一昕参与编写。本书凸显职业教育的类型特点，将行业中实际的设计环节和工序关系与教学模块和实践案例紧密对应，既适应教学又强化岗位需求，同时符合循序渐进的认知规律。因此，其实用性和可操作性特点有助于很好地实现从设计理论到设计实践的过渡。另外，本书从用户研究到概念与原型设计、视觉设计和交互动效设计，知识点覆盖了UI、UX和交互设计及动效设计的不同岗位，能为读者了解交互设计全流程，以及今后参与设计团队工作打好基础。

本书配套教学资源包主要包括微课视频、配套作业单等，读者可访问链接：https://pan.baidu.com/s/1LexA-1gK-D4cQN4mo49LDQ（提取码：fv73），或扫描右侧的二维码进行下载。

配套资源

感谢苏州工艺美术职业技术学院数字艺术学院信息交互设计教学团队为本书编写所付出的努力，也感谢本专业学生提供部分作业及获奖作品案例。本书得到了中国工业设计协会用户体验产业分会理事长、浙江大学工业设计系博士生导师、浙大宁波理工学院设计学院院长罗仕鉴教授的推荐与支持，在此表示衷心的感谢。

希望本书能为交互设计的教与学提供有力支持，也希望广大读者能提出宝贵意见与建议，使教材不断优化与完善。

编　者

目录

CONTENTS

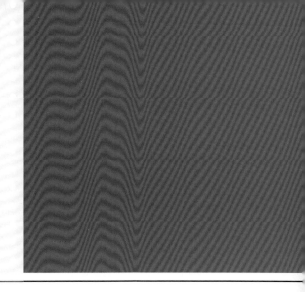

第 1 章
交互设计概念导入

学习目标：

　　本章强调科学的思维方式对于交互设计的重要性，注重人与人，人与物，人与环境的系统性、创新性思维方式的培养。通过本章的学习，应了解交互设计的定义，设计过程，明确学习交互设计需要重点培养自身的同理心，训练分析问题、研究问题和寻找解决方案的能力，掌握设计迭代的方法及包容迭代过程中的不确定性，通过提升视觉化能力来促进设计概念的表现与表达，并强化团队的交流与合作。

1.1 交互设计概述

1.1.1 交互设计的定义

　　20 世纪 90 年代初，Richard Buchanan 教授将交互设计定义为：通过产品（实体的、虚拟的、服务、系统）的媒介作用来设计人与人、人与物、人与环境的相互关系，以支持、满足和创造人们之间的各种互动行为。在辛向阳教授看来，交互设计作为一种跨学科的设计，是新经济背景下现代设计思维的体现。其改变了以往工业设计、平面设计或空间设计中以物为设计对象的传统，直接将人本身作为设计的对象。

交互设计的定义

　　简单来说，交互设计是针对用户与产品之间的交互而进行的设计。这里的产品往往是应用程序或网站、APP 之类的软件产品。交互设计的目标是创建能够使用户以最佳方式实现其需求的产品。

　　交互设计工作涉及五个维度。交互设计学者伦敦皇家艺术学院的教授 Gillian Crampton Smith 首先介绍了交互设计的四个维度的概念，IDEXX 实验室的高级交互设计师 Kevin Silver 在其中又添加了第五个维度的概念。这五个维度如下：

　　1D：文字——尤其是用于交互的文字。例如，按钮中的标签，它应该富有意义并且易于理解。它们应该向用户传达信息，但不能向用户传达过多信息。

　　2D：视觉表达——涉及图像等图形元素、版式及与用户互动的图标。这些通常是用于向用户传达信息的单词的补充。

3D：实物或空间——用户通过哪些物理媒介与产品进行交互？例如，带有鼠标或触摸板的笔记本电脑，或使用用户手指的智能手机等。用户在什么样的物理空间内这样做？例如，用户在智能手机上使用应用程序时是站在拥挤的火车上，还是在办公室中坐在浏览网站的桌子前等。这些都会影响用户与产品之间的互动。

4D：时间——这个维度听起来有点抽象，主要是指随时间变化的媒介（动画、视频、声音）。动画和声音在为用户的交互提供视觉和音频反馈方面起着至关重要的作用。同样值得关注的是用户花费在与产品交互上的时间量，即用户可以跟踪其进度或在一段时间后恢复其交互。

5D：行为——不仅包括产品的机制，如用户如何在网站上执行操作、用户如何操作产品，还包括用户对产品的反应，如情感反应或反馈。

因此，交互设计就是利用这五个维度来考虑在用户与产品，或用户与服务之间的整体的交互方式。具体来说，就是使用它们来帮助设想和满足与设计目标相关的用户的实际需求。

1.1.2 交互设计的过程

交互设计需要了解人、了解人的行为和行为的动机、了解行为发生的场合和完成行为的工具或媒介。因此，交互设计是一种基于研究的设计，研究人、行为、动机、体验、情境；同时，交互设计也是一种分析和解决问题的设计，分析现状，挖掘需求，设计过程，创新关系，解决问题。因此，交互设计通过研究人、研究关系，进而挖掘问题、解决问题，最后实现互动行为的创新和人与环境关系的创新。

正因为交互设计具有这些与生俱来的特征，其凸显"以人为中心"的设计思维。作为一种"以人为中心"的设计，交互设计过程内化了分析、研究和解决问题的过程，同时，它也是一种迭代循环的过程。

根据 ISO 标准 13407 中的定义，"以人为中心"的设计，是在围绕"人"定义了设计需求之后，通过理解和细化用户情境、用户需求，产生具体设计方案和对照需求验证设计方案的一个设计迭代，最终找到能满足用户特定需求的设计结果。在设计迭代的循环中经历了理解、分析、模拟和评估的过程。图 1-1 所示为 ISO 标准 13407 中定义的"以人为中心"的设计过程。

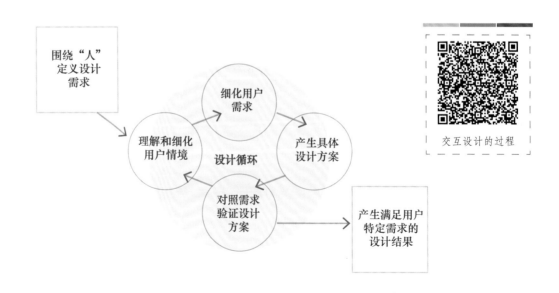

交互设计的过程

图 1-1 ISO 标准 13407 中定义的"以人为中心"的设计过程

图 1-1 所呈现的"以人为中心"的设计过程中，最核心的部分即从理解和细化用户情境、细化用户需求，到产生具体设计方案并验证的过程。具体来看，这个核心的过程是一个从抽象到具体，从战略层、范围层、结构层，到框架层和表现层的自下而上的设计过程，如图 1-2 所示。

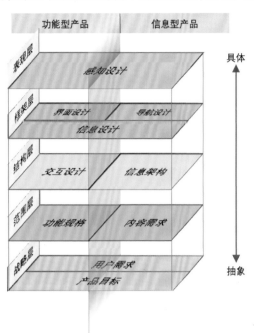

图 1-2　基于用户体验的产品设计模型——摘自《用户体验要素》（Jesse James Garrett）

战略层、范围层、结构层、框架层和表现层五个层面，提供了一个自下而上的设计架构。每个层面的设计决策均来自前一层（即下面一层）的设计结果，都是基于前一层的产出物来完成本层的设计。同时，自下而上，各层面关心的问题是由抽象逐渐到具体的。最底层的战略层关心的是用户的需求和产品的设计目标。而到了最顶层表现层，关心的内容就比较具体、细致，例如设计的每个元素在感知层面的合理性、一致性等。

另外，图 1-2 呈现的基于用户体验的产品设计模型，针对了两种类型的产品，左边部分是"功能型产品"，右边部分是"信息型产品"。这两类产品分别从"任务"的角度和"信息"的角度来考虑解决方案。因此，体现在每个层面的目标有所不同。

（1）战略层：无论是功能型产品还是信息型产品，这个最底层（最初层）需要关注的是产品的目标用户及目标用户的需求，以及设计开发团队自身对产品设定的目标，可以是商业目标，也可以是其他目标。

（2）范围层：功能型产品设计需要在这一层面关注和创建"功能规格"，即对产品功能的详细描述；信息型产品需要关注"内容需求"，即对需要表现的信息内容要求的详细描述。

（3）结构层：功能型产品设计在结构层需要定义系统如何响应用户的各类请求，在这里称为狭义的"交互设计"；信息型产品设计将实现"信息架构"，即合理安排信息内容元素的结构。

（4）框架层：功能型和信息型产品设计在这个层面都需要完成"信息设计"，即寻找易于理解的信息表达方式。同时，功能型产品设计需要在已有的交互流程的基础上，完成"界面设计"，即设计好用户与产品功能互动时的界面元素。对于信息型产品，则需要设计页面上的元素，从而方便用户在信息架构中穿行，即"导航设计"。

（5）表现层：这是最高层（最终层），关注的是最终产品在内容、功能、美学等方面的感知合理性，以及视觉风格、配色、排版等方面的一致性等。

在经过从抽象到具体的五个层面后，可以对设计完成的产品进行测试，就如"以人为中心"设计过程的设计循环中"对照需求验证设计方案"。在验证和测试的基础上，根据用户的需求进行产品的设计优化，从而完成产品的不断迭代。

1.1.3 交互设计师的能力要求

对交互设计师有着特殊的能力要求：

交互设计师的能力要求

（1）交互设计师应具有同理心。从心理学角度来描述，同理心是一种辨别他人心智状态的能力，也称为认知同理心。交互设计师需要具有的同理心，即理解设计对象（人），感知他们的感受，体会并发现人们的真正需求。同时，交互设计师在设计过程中始终需要考虑设计对象所处的情境，并基于情境进行思考及设计。

（2）交互设计师必须掌握分析问题、研究问题及寻找解决方案的技能。因此，交互设计师在面对问题的时候，需要培养从发散性思维到聚合性思维的思维方式，即通过发散性思维，发现和寻找众多与问题相关的设计概念，再通过聚合性思维，在众多概念中找到"合理"的设计方案。

（3）交互设计师对"不确定性"应具有良好的"包容心态"。交互设计具有很强的不确定性，交互设计师需要包容这样的不确定性。也许在设计之初，交互设计师并不是很清晰地知道设计需要面对的根本问题是什么。因此，交互设计师需要在现实世界中，针对设计对象进行挖掘，挖掘出真正的问题和人们的真正需求。同时，交互设计过程是一种从不确定到确定，再从确定到不确定的迭代循环过程。每一次迭代所面对的问题都有可能不同。每次迭代的结果都是交互设计师所预计不到的。

（4）交互设计师应具备将概念视觉化呈现的能力。在交互设计中，视觉化是一种很重要的能力，即将设计概念、设计见解进行具体化的表达，如制作设计原型。这种设计原型的制作就是一种概念视觉化的过程。这样做的目的是通过在真实情境中对设计概念和原型进行测试，从而得到人们的体验反馈。基于对体验的评估，确定下一次设计迭代的目标。当然，概念视觉化也是在团队讨论中提高工作效率和激发想象力的一种有效手段。

因此，交互设计师通过发展同理心来体会和感知人们的体验与需求，从而发现现实世界中存在的问题；通过从发散到聚合的设计思维来产生创新的产品和合理的解决方案；通过包容"不确定性"来不断迭代设计，从而保证创新设计的生命力和可持续性；通过视觉化手段来拓展整个团队的思维空间和激发设计团队的想象力。因此，本书从交互设计师需要具备的能力出发，将设计思维和迭代循环的设计方法融合在教学的全过程中。

1.2 交互设计的发展

交互设计的发展历史

1.2.1 交互设计的发展历史

交互设计是随着 20 世纪 60 年代计算机的发展而产生的。交互设计首先以人机交互（Human Computer Interaction，HCI）的形式出现。人机交互关注的是人与机器，尤其是人与计算机的交互。通过提供简单易懂的用户界面（User Interface）将使用者的行为传达给计算机，再将计算机的行为解释给用户，使消费者更容易接纳和理解计算机和其他新兴的数字产品。

到了 20 世纪 80 年代，IDEO 公司的创始人之一 Bill Moggridge 提出了"交互设计"的概念。其重点是针对用户使用技术的体验进行设计，强调提升用户体验以增强和优化互动方式。20 世纪 90 年代初，卡耐基梅隆大学设立了首个以"交互设计"命名的学位课程。

早期的交互设计更侧重技术视角，而后受"后认知主义"理论观点的影响，开始对行为活动更为关注，重点在于将技术理解为人类活动行为的一部分，侧重产品的行为方式和为与之互动的人们的行为提供反馈的方式。接着，围绕促进产品使用过程中人与人之间的交流而展开的，以"社会交互设计"（Social Interaction Design）为焦点的交互设计被提出。如交互设计领域的先驱之一 McAra-McWilliam 所强调的，交互设计需要理解人，理解他们如何体验事物，如何无师自通，如何学习。

因此，交互设计的发展历史经历了以技术为中心的观点、以行为为中心的定义、以社交互动设计为概念的三种定义类型。

1999 年，国际标准化组织（ISO）发布的以人为中心的交互产品设计过程 ISO13407：Human-Centred Design Processes for Interactive Systems，为整个人机交互系统设计提供了以人为中心的设计流程与框架。这个设计方法在 1.1.2 节中已经作了较为详细的描述，是理解本书后续学习内容的理论基础之一。

唐纳德·诺曼教授从设计心理学的角度为交互设计的理论、标准和方法提供了很多有用的参考。他鼓励交互设计师善于发现周围的问题，提醒他们关注使用者在一定情境中的真实需求。在追求设计美感的同时，他要求遵循认知规律，化繁为简，追求设计的"价值"与"情感"意义。

1.2.2 交互设计的发展趋势

1. 情感化交互设计

社会经济的不断发展，催生了人们对产品的情感需求。人们对产品的需求已经不仅是易用、美观，而向更高的情感需求层次发展。实际的产品在易用的基础上，更需要交互设计来达成人与机器的情感交流，从而使用户对一个产品产生良好的使用体验，增加产品的用户黏性，进而增强用户对品牌的忠诚度。

交互设计的发展趋势

因此，从用户需求、用户体验等多层面的分析来看，交互设计正朝着情感化的趋势发展。

情感化交互设计更注重用户的隐性需求，即消费者没有意识到的、模糊的、无法用语言表达给交互设计师的需求。这样的隐性需求被满足后，用户会产生被关怀的感觉，对产品产生好感。情感化交互设计还注重匹配目标用户的心智模型，从本能、行为、反思三个层面，有针对性地进行设计。例如，增加符合用户心智和认知的插画元素，使要传递的信息视觉形象化，用故事表现的方式来传达言语无法表达的内涵，如产品风格、个性、氛围和情感。这种视觉元素能够最直接、最明确和最清晰地感染用户。例如，增强动效，从而增加体验舒适度，让用户的认知过程更为自然；增强界面活力，第一时间吸引注意力，突出重点；描述层级关系，体现元素之间的层级与空间关系；提供反馈、明确意向，助力交互体验。

交互设计目前大多以信息类产品为主，更加注重产品的效率，但在情感关怀上比较欠缺。注重用户的隐性需求和心智模型能够让产品的情感功能更符合用户的情感需求，使产品与用户之间产生共鸣。

2. 融合化交互设计

智能交互技术的发展越来越多元，从图形界面交互到语音交互、手势交互、身体行为交互、虚拟现实交互和增强现实交互等，这些交互方式越来越多地被应用在交互产品中，并且往往几种交互方式相互配合和补充，共同构建完整的交互体系，为用户提供多元的交互体验。

同时，从应用情境来看：线上线下的融合，如盒马鲜生、天猫超市，将传统超市互联网化的同时，必须考虑更多线下支付场景和物流方式；多平台融合，需要确保产品在移动端、PC端、平板电脑甚至可穿戴设备上都能获得高效统一的无缝体验，如图1-3所示。所以，融合化交互设计将是未来交互设计发展的重要趋势，也是交互设计师需要在产品设计过程中所具有的设计理念。

图1-3 桌面、APP、智能手表——跨平台产品设计

3. 无界面交互设计

随着物联网时代的到来，基于人工智能技术和普适计算，交互设计朝着更自然的方式发展。无界面交互设计（No Interface Design）逐渐发展了起来。从2013年左右开始，无界面交互设计受到学术界和产业界的关注，从理论和实践两个方面都得到了发展。学者们认为：无界面交互的设计重心从界面本身转向对用户真实的、个性化需求的满足，是设计的未来；交互应该是透明或者隐藏的；最好的交互是自然的，最好的界面是没有界面等。这样的观点层出不穷。在实践方面，例如，Google设计的新型交互传感器Soli，使用户在不触碰实物的条件下控制智能产品，如图1-4所示。Soli是一种智能的微型雷达，可以理解各种尺度的人体运动：能感知用户的存在和识别人们身体行为线索和手势等，然后做出反馈，与用户交互。因此，基于这样的智能交互技术，无界面交互设计包括了情境感知、自然交互、环境融入等新的方面的探索。交互技术的发展为无界面交互设计提供了很多的可能性，也为未来交互设计的探索创造了空间。

· Aware

Soli is aware of the location of the people in its sensing area, just like you're aware of someone entering the room you're in

Presence

Multi-User Presence

Sit

· Engaged

Soli recognizes the body cues that typically start and end interactions, just like you recognize when someone establishes eye contact with you.

· Active

Soli responds to articulated hand and body gestures – both micro and macro – that you use to perform specific tasks, such as selecting, manipulating and navigating content.

Reach

Lean

Turn

Dial

Slide

Swipe

图 1-4　谷歌 Soli- 有意识的（Aware）、参与的（Engaged）、积极的（Active）

思考与实践

1. 思考"以人为中心"的设计与交互设计"自下而上"设计过程的关系。

2. 针对交互设计的五个维度概念，在现有设计产品或作品中寻找并分析对应案例。

3. 根据交互设计的三个发展趋势——情感化、融合化和无界面设计，搜集并分析相关案例。

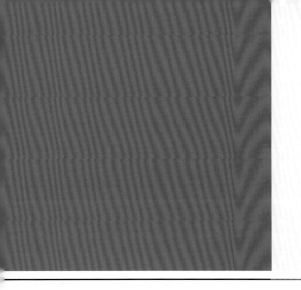

第 2 章
从研究探索到概念原型

学习目标：

　　本章针对的是交互设计中从抽象到具体的一个难点环节，其中交互设计的功能与服务流程设计是以人为本价值导向的体现，也是同理心培养、发散性和逻辑性思维训练的有效载体。通过本章的学习，希望读者能够客观地研究用户、准确地定位产品、合理地规划功能与流程，并最终将其落实在每个页面的低保真设计中。另外，通过学习，读者还应明确针对低保真设计的测试对于交互设计迭代过程的重要性。

　　正如辛向阳教授所提出的，交互设计需要了解人、人的行为、行为的动机，以及了解行为发生的场合和完成行为的工具或媒介。因此，交互设计是一种基于研究的设计。首先，需要研究人、研究行为、研究动机、研究体验、研究情境；其次，基于对人与体验的研究，分析现存的问题，挖掘具体的需求，探索有针对性的设计方案来解决痛点问题或改善现状。本章将通过 6 个作业单的设计来进行相关能力点的训练。

2.1　用户研究

　　用户研究是交互设计的首要环节，这里所指的用户研究包含了对用户特性、用户所处的情境、与某个情境相关的用户体验、基于这些体验的用户需求及用户遇到的痛点问题的研究。

　　因此，用户研究的内容包含：

　　（1）用户特性（年龄、性别、居住地、职业、学历、性格等）；

　　（2）用户情境（用户所处的外部环境、社会环境及与研究主题相关的用户自身的客观与主观条件）；

　　（3）用户体验（针对某个情境或行为，用户的感受，如好 / 坏、满足 / 失望、欣喜 / 厌恶等）；

　　（4）用户需求（在完成某个任务中，不同阶段用户的具体需求描述）；

　　（5）痛点问题（在分析需求和体验的基础上，总结出的影响用户体验的关键性问题）。

　　交互设计师要有效实现以上用户研究的内容，必须具备用户体验研究方法的实践能力（如用户沟通能力、问卷调查能力、观察能力等）、信息收集能力、信息整理和分析能力、信息的可视化表达能力（用户行为与情境的可视化表现、信息分析结果的可视化表达）、分享能力（PPT 制作、PPT 分享）。当然，掌握这些能力的前提，是需要具有理解用户的同理心，即"用我的眼，看你的心"，站在用户的角度，体会用户的感受与需求，而不是从交互设计师自我出发。交互设计师在交互设计的过程中，应始终保持这样重要的思考方法。

2.1.1 用户研究的相关概念

在介绍用户研究的相关概念前，首先需要通过"作业单 01——用户体验相关概念调研"基于互联网或其他媒介自行对相关关键词的概念信息进行收集，并分析、整理已收集的信息，从而在一定程度上形成自己对这些概念的理解。同时，将自己的理解，用易读的可视化呈现方法，通过 PPT 进行呈现。最后，完成表达与分享。图 2-1 所示为用户体验设计与交互设计等的范畴关系。

用户研究的相关概念

作业单 01：用户体验相关概念调研

作业单目的：通过自我调研，强化对用户体验及相关名词的理解，并通过分享实现进一步相互学习和多元化理解。

对应能力点训练：（互联网）信息收集能力、信息整理能力、PPT 制作能力、分享表达能力。

作业单号：01。

作业名称：用户体验相关概念调研。

作业描述：利用网络或书籍等途径，了解用户体验的相关知识，初步理解用户体验的概念。

完成形式：以 PPT 形式进行调研结果汇报。

在用户体验相关概念的调研中，请同学们思考以下问题：

（1）什么是用户体验？（对 UE、UI、NUI、HCI 等名词的理解）

（2）用户体验在交互设计中的作用是什么？

（3）请举出 2～3 个与用户体验相关的设计案例及自己对案例的理解。

（4）请找出 5 个你觉得有用的关于交互设计和用户体验的网站，并说明理由。

作业单 01

请在调查研究过后，根据自己对用户体验相关概念的理解制作 10 min 左右的 PPT 演示文稿（不建议使用模板，但可以参考模板样式自己设计），并进行交流汇报。

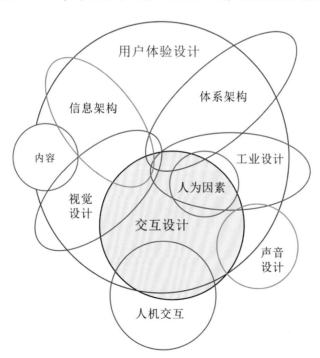

图 2-1　用户体验设计与交互设计等的范畴关系——摘自《为交互而设计》（**Dan Saffer**）

学生部分作业参考，如图 2-2 ～图 2-8 所示。

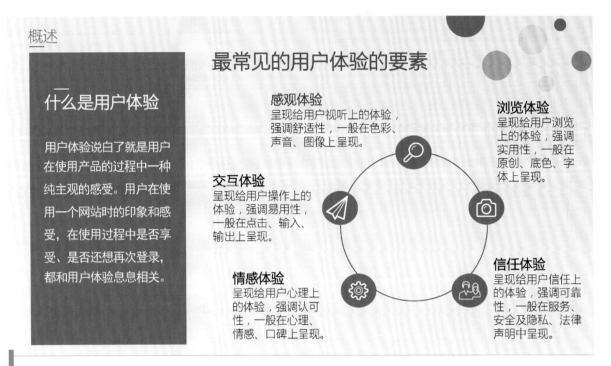

图 2-2　学生作业——用户体验（王盈）

图 2-3　学生作业——用户体验（王盈）

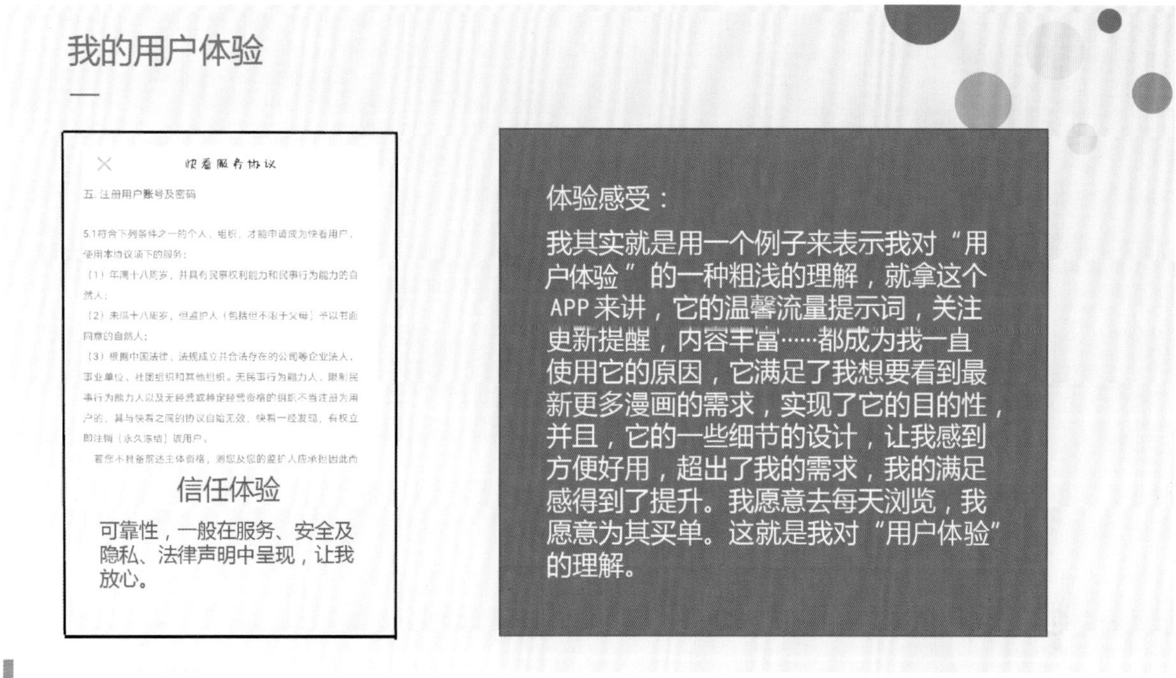

我的用户体验

信任体验

可靠性，一般在服务、安全及隐私、法律声明中呈现，让我放心。

体验感受：

我其实就是用一个例子来表示我对"用户体验"的一种粗浅的理解，就拿这个APP来讲，它的温馨流量提示词，关注更新提醒，内容丰富……都成为我一直使用它的原因，它满足了我想要看到最新更多漫画的需求，实现了它的目的性，并且，它的一些细节的设计，让我感到方便好用，超出了我的需求，我的满足感得到了提升。我愿意去每天浏览，我愿意为其买单。这就是我对"用户体验"的理解。

图 2-4　学生作业——用户体验（王盈）

生活中的用户体验

通过两张照片中分类垃圾桶的比较，可以明显地看出人们在使用中的不同感受，我们在生活中很容易发现图1中的垃圾桶，说实话，在幼龄和老人或者文化程度较低的人群中，大多数人是不认识分类垃圾桶上的分类标识的，就我而言，我也曾有一段时间烦恼，到底该把垃圾丢入哪一个分类垃圾桶里，我的使用满意度大打折扣。相反，图2中的分类垃圾桶的设计，使人们可以清楚地看到垃圾的分类图像，适应的人群大大增加，回收人员也更加方便进行垃圾分类回收，产品的目的性、实用性大大得到提高，人们肯定愿意为图2的分类垃圾桶买单。如果是你，你会怎么选择呢？

分类垃圾桶的设计

图1　　　　　　图2

图 2-5　学生作业——用户体验（王盈）

以Mobile APP为核心，随时随地连接用户

到了2012年，星巴克成功引入Square（一款以APP为基础的流动付款系统），可以通过Square Wallet付款，免除增值之苦，为顾客提供更多的方便。除Square Wallet外，星巴克还推出了自家的Starbucks Card Mobile APP，用户将APP生成的二维码对着收银台的扫描器扫一扫，付款走人。不但不需另外投资硬件，还可以将移动支付整合到现有的POS系统里，实用、方便，因此很受顾客欢迎！利用会员的交易了解对产品的需求，有助于准确备货；掌握顾客的移动轨迹，有助于分析发展新店的位置；了解顾客喜好，有助于加强奖励计划投放的准确性，对提高会员的忠诚度大有裨益。

总结感受

从以上案例中我们不难看出用户体验在设计中的重要性，创始人霍华德·舒尔茨通过人们本身的一种目的性的需求 —— 喝咖啡，看到咖啡的品质对用户来说是至关重要的，再通过体验这一过程的方便度等的考虑设计，设身处地地从用户的角度去思考、去推理、去观察用户的行为，才有可能设计出体验更好的产品。

图 2-6　学生作业——用户体验（王盈）

天猫未来小店 – 零售

餐桌购

便利店的小餐桌，咖啡馆的小角落，酒吧里的小桌台，当吃着点心喝着咖啡小酌 美酒时，轻轻一点、一拖，商品被标记喜欢，离开餐桌时，用支付宝/手淘/天猫APP一扫餐桌上的二维码、就可以把它们加入手机淘宝购物车中。

懂你的云货架

给你商品360°信息，全方面呈现商品信息，你对什么商品感兴趣，只要拿起它，聪明的电子屏马上播放它的视频和评价弹幕。让选择综合征患者不再纠结！

高效的智能收银

画像识别POS，只要把商品放在识别区，2秒内自动读取商品到旁边的平板电脑，确认商品及价格，确认付款就好啦。

图 2-7　学生作业——用户体验（王盈）

以下是云货架的用户体验现场视频
http://v.youku.com/v_show/id_XMjk5OTYwMTcxMg
==.html?spm=a2h3j.8428770.3416059.1

想要的商品没有

到店才能获取商品价格

获取商品评价麻烦

排队结账

价格比网上的高

没有网络购物有趣

消费者

无新体验

总结

"天猫未来小店"的云货架可以使人们更直观、全面、方便地了解一个商品，可实际情况是，过程有些烦琐，商品种类少、价格高……存在很多的问题，从而降低了用户的满意度，在很多方面需要以用户为主，从情感感观等方面去考虑用户的需求，我觉得这是一个比较有意思的案例，也更加说明了用户体验的重要性。

图 2-8　学生作业——用户体验（王盈）

具体来看，所谓用户研究，主要是对用户（他们／她们），以及用户对某个经历的体验进行研究。这里主要关注两个关键词——"经历"和"体验"。

（1）"经历"来自用户使用某个功能性软件（如打电话／使用 APP、微信小程序等）或者经历某种服务（如宾馆服务、旅游服务、餐厅用餐服务、订票服务等）的过程。所以，"经历"来自用户在某个特定的情境下已经发生的行为过程。

（2）"体验"则是对于某个"经历"的感受。正如前面提到的，用户的体验包含好／坏、满足／失望、欣喜／厌恶等。同时，"体验"有其自有的特征。

1）"体验"是多维度的。从图 2-9 可以看到，纵向从下到上，"体验"包含感觉维度、情感维度、理性维度和行为维度。感觉维度包含视觉、触觉、嗅觉、味觉、听觉和审美评价；情感维度包含情绪、感受及其诱发的心情；理性维度包含与认知的关联、引发的思考；行为维度包含引发或实现的行为或动作。横向从左往右，在强度的维度，可以从弱到强来描述。所以，"体验"是多维度而立体的。并且，这些维度的体验在实际产生过程中是相互关联、同步出现的。

2）"体验"是动态和多阶段的。在某个经历发生前和发生后，用户可能产生不同的体验。在经

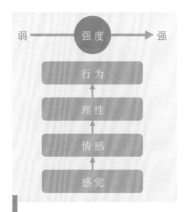

弱　强度　强

行为

理性

情感

感觉

图 2-9　"体验"的多维度描述

历过程中，初期、中期和后期，也会出现体验的变化。同时，在经历过后一段时间，用户对经历事件本身的回想，也会改变用户的最终体验。

3）"体验"具有差异性。不同类别的用户，甚至同一用户在不同的情况下，其对同一产品或者服务的体验也会存在差异。这种差异来自用户的"内因"及用户所处的不同的外部"情境"。"内因"，是指用户自身生理或心理的不同情况，以及需求的不同。"情境"，则指外部物理环境、用户面对的不同任务设定、所处的技术环境的不同，以及用户周边他人的存在与否等情况。所以，"内因"和"情境"的影响使"体验"具有差异性。

用户体验的这些内在特征决定了用户研究的方法需要满足对用户体验多维度、多阶段的研究要求。同时，用户体验的内在特征决定了用户研究的关注点需要覆盖用户本身的客观和主观的情况，以及其所处的"情境"。

2.1.2　用户研究工作坊——"因了解，而设计"

在介绍如何对用户进行研究之前，可以通过工作坊去体会有效的用户研究方法的重要性。同时，注重培养设计师的"同理心"，使设计师能从用户的角度出发想问题，能为用户考虑。要避免在研究过程中"以己度人"，避免从设计师自我的经验和感受去"推论"或"想象"用户的体验和需求。因为，这种"推论"和"想象"往往会使用户研究结果出现错误，从而使后续的设计方向走偏，最终导致产品设计失败。

用户研究工作坊——
"因了解，而设计"

作业单 02：用户研究工作坊——"因了解，而设计"

作业单目的：初步了解和研究他人的方法，通过实践，掌握访谈技巧；在了解与研究的基础上，运用设计和视觉手段表现访谈结果；体会有效规划访谈问题的重要性。

对应能力点训练：初步规划有效访谈问题的能力、分析与汇总能力、提炼与总结能力、运用草图故事板的可视化能力。

作业单号：02。

作业名称：用户研究工作坊——"因了解，而设计"。

作业描述：设计访谈问题，尝试了解他人，并运用设计手段表现特征信息。

完成形式：问题列表（文本）、草图故事板、logo。

完成步骤（课堂现场组织）：

作业单 02

（1）为了解他人的性格、爱好、生活和行为习惯，每人设计一组用来访谈他人的问题。

（2）2人为一组，组成小组。

（3）运用各自的问题采访小组中的另一成员，在采访过程中可以优化自己的问题，并记录下问题的优化过程。

（4）完整记录对方的回答和描述。

（5）根据记录信息，分析和提炼小组成员的个性特征，包括性格、爱好、生活和行为习惯。

（6）用草图故事板的方式描绘对方的生活习惯、场景和爱好等。

（7）用各自擅长的表现方法（手绘／使用 Photoshop 等均可），设计一个能代表对方个性特征的logo（本步骤可根据学生的能力水平增删）

学生部分作业参考，如图 2-10～图 2-13 所示。

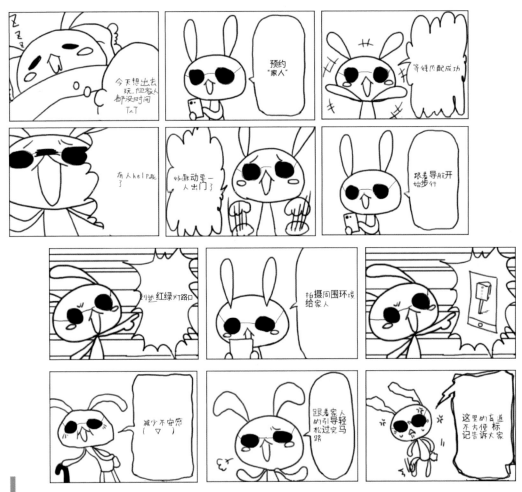

图 2-10　学生作业——草图故事板（罗芳等）

图 2-11　学生作业——草图故事板（陈晨）

图 2-12　学生作业——草图故事板（刘铃丽）

图 2-13　学生作业——草图故事板（陈梦洁）

在完成工作坊之后，参与者需要回顾和体会在工作坊过程中以下两个方面的感受，即相互询问的问题本身的有效性和访谈时候交流的顺畅度。参与者往往会在使用第一次设计的访谈问题实施访谈后，发现自己设计的问题很难被回答，比如"你的性格怎么样？""你有哪些习惯？""你有什么爱好？"等。这些问题大多是总结式的，所以，被访谈者不能很流畅地回答，往往会思考较长时间，努力进行一个概括性的总结式回答，比如"我好像没有什么爱好"等。参与者自己在被访谈的时候，会亲身感受到这种困难。在自己访谈他人时，会努力改变访谈问题和交流方式。因此，参与者需要将修改后的问题记录下来，与之前设计的问题进行对比。这种对比分析，对后续的用户研究方法的学习非常重要。因为，我们需要知道如何帮助被研究的对象呈现出真实而自然的表现和感受。很有意思的是，有时用户甚至自己都没有意识到自己存在某种潜在的需求，这些正是用户研究者或设计师需要去挖掘和分析的，也正是用户研究的主要目标。

2.1.3　用户研究方法

要想有效地进行用户研究，并实现研究目标，就需要采用合理、有效的用户研究方法。这里的"合理"是指根据研究目标，采用有针对性的研究方法。这里的"有效"是指在用户研究计划实施过程中的正确性和有效性。

用户研究方法

在交互设计过程中，需要用到的用户研究方法如下。

1. 目标用户背景资料分析

了解需要设计的产品／服务的潜在用户是谁，这些用户有什么特点，他们能做什么，想要什么。记录并分析这些用户的背景资料，加以判断并形成"目标用户模型"。这种"目标用户模型"能够帮助设计师缩小并明确设计方向，使设计更有针对性和独特性。简单来说，分析形成目标用户模型，能够让设计师知道自己将要为哪一类特定的人群来做设计，他们特定的角色、目标和需求是怎样的，需要帮助他们完成哪些特定的任务。

（1）实施方法：与能够接触用户的人及用户本身，进行直接访谈（面对面／电话）（图2-14）和问卷调查（定量分析）（图2-15）。

注意点：实施前，由设计团队共同讨论并列出需要了解的问题和需要关注的信息，设计问题清单和访谈计划。实施时，完整记录实施过程中访谈对象的各种表现和描述，可以文字记录或录音（如果录音，需要得到被访谈者的同意，并承诺访谈信息的保密性）。完成部分人次的访谈后，需要由团队适时地共同进行信息整理，判断访谈的效果，预测访谈的走向。需要时可以修订访谈问题清单，然后进行进一步的访谈。问卷调查的问题不适合在进行大量样本实施中修订。因为问题变动后，将无法对结果进行统计、对比与分析。因此，问卷调查在开始大面积实施前，建议先进行小范围、少数用户样本量的先期测试，从而修订问卷的结构组成和问题的设计。

图2-14　用户访谈情境

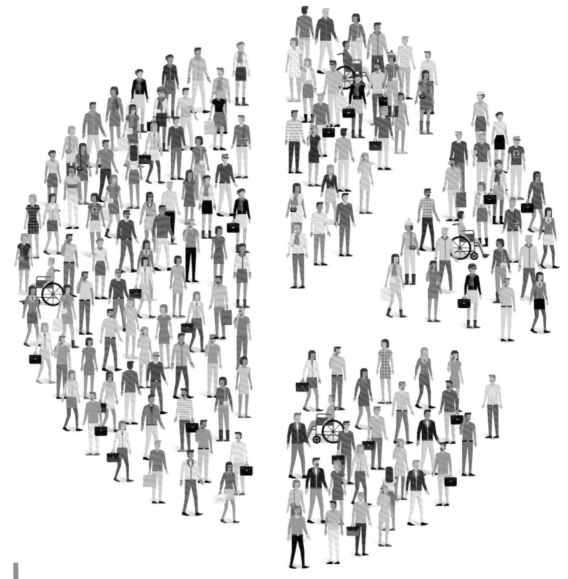

图 2-15　问卷调查定量分析

（2）内容：需要研究的用户背景资料应该包括以下属性：

人口统计描述：年龄、性别、教育水平、行业、收入、就业状态、家庭状态等。

角色：用户在工作、生活中的头衔、职责、与他人的关系等。

环境：使用目标产品 / 服务的地点、时间、工具、竞品等。

目标：需要产品与服务的原因。这个原因可以包括短期、长期需要解决的问题，现存的痛点，需要产品的动机等。

需求：功能性需求，即要达到的目标，具体包括需要做什么；情感化需求，即能够从体验方面吸引用户（使用户喜欢使用）。

任务：用户需要产品来完成哪些具体的事情，包括对具体事情的描述、理由、持续时间、重要程度、方法（如何完成）和工具等。

（3）完成要求：将相同 / 相似的用户归类，例如具有相同的性别、年龄段、职业、生活状态的用户等，汇总他们的信息，将同一类别的用户的信息属性集中在一起，提炼出一个能够代表这类用户的典型的虚构人物。为这个虚构人物增加细节属性，并为其创造故事，从而包含这类用户背景资料的所有重要特征。所有收集的用户背景资料，无论是原始记录的信息，还是分类汇总提炼出的典型人物信息，都将在交互设计的很多环节发挥重要的作用，为后续的设计步骤提供有力的支撑。可以借助"用户画像"（User Persona）整理这部分的研究工作。

图 2-16～图 2-21 所示案例为针对城市（苏州）旅行者的用户研究，来自高宇航、陈守峰等学生的作品《城事》。本案例针对新、老苏州人及来苏游客等用户进行了访谈，并基于访谈描绘了用户画像。

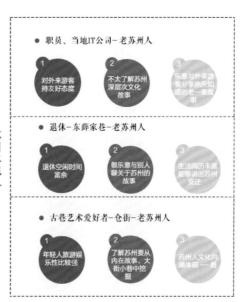

图 2-16　学生作品《城事》——用户访谈与用户画像（一）（高宇航、陈守峰等）

图 2-17　学生作品《城事》——用户访谈与用户画像（二）（高宇航、陈守峰等）

图 2-18 学生作品《城事》——用户访谈与用户画像（三）（高宇航、陈守峰等）

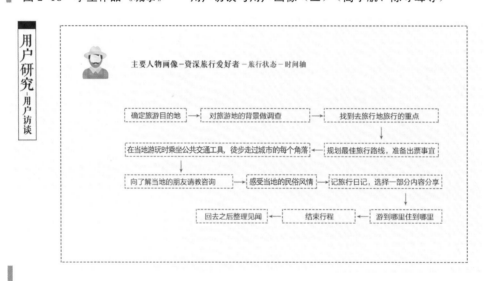

图 2-19 学生作品《城事》——用户访谈与用户画像（四）（高宇航、陈守峰等）

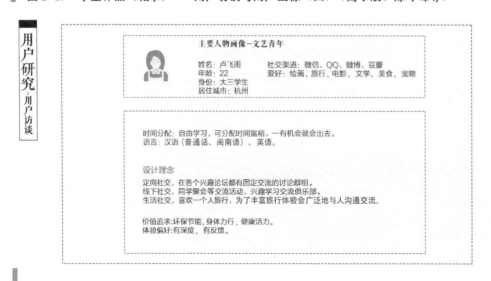

图 2-20 学生作品《城事》——用户访谈与用户画像（五）（高宇航、陈守峰等）

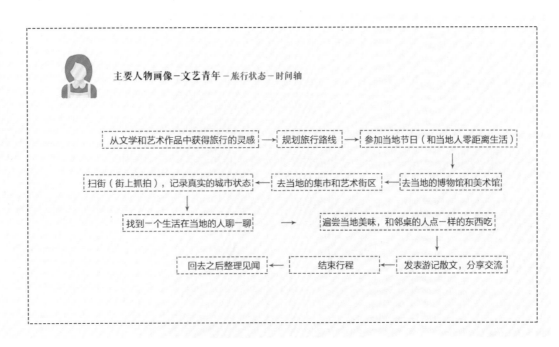

图2-21　学生作品《城事》——用户访谈与用户画像（六）（高宇航、陈守峰等）

2．情境调查

情境调查是一种有助于了解人们所处的真实环境的方法，其有助于揭示某种特定情境下人们的实际需求。情境调查是通过实地观察、访谈研究来发现目标用户的需求。用户往往并不能很准确地描述自己真实的需求、现状和问题。

（1）实施方法：挑选出最重要的目标用户，并将最关键的情境作为第一研究情境。之后，可以关注次要情境。决定研究对象的数量，可以分批规划。对第一批研究对象完成调研后，根据调查情况决定第二批研究对象的数量。在对特定研究情境进行观察前，需要得到许可（签署保密协议）。开始实施前，告知研究对象将要观察和研究的内容大致包含哪些方面，并且告知其观察结果与"好坏"无关，不会进行这方面的评估。这样的观察可以由研究人员在现场直接实施，也可以通过摄像设备进行录制，然后对录像进行分析。观察中，不要打断用户完成某个需要被观察的任务。观察过后，可以与用户进行必要的访谈，了解其在完成任务的过程中的体验和所遇到的问题等。

（2）内容：通过观察和调查，需要了解到的信息如下：

行为次序：用户在特定情境下，为了完成某个任务而产生的行为和行为的次序。

互动情况：在行为过程中，用户与其他人、事、工具等外部因素产生的互动情况（如信息的交流与传递、输入与输出），以及行为过程中的体验。

信息传递：在完成任务的过程中，与任务相关的各类信息在用户与他人或情境之间如何传递和共享。同时，了解各个信息对于任务的重要性级别。

（3）完成要求：对通过观察和调查得到的信息进行分类和整理，找出各分散的信息之间的关联特征。这个步骤可以通过"亲和图"来完成，如图2-22、图2-23所示。在此基础上，最终建立"流程模型"，即完成任务的步骤和信息传递流程与层次结构。

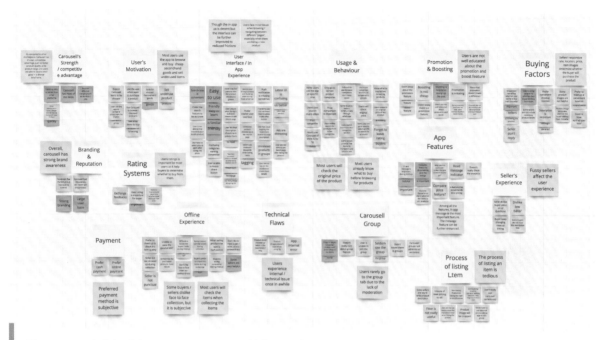

图 2-22　一个市场流行 APP（Carousell）的亲和图案例

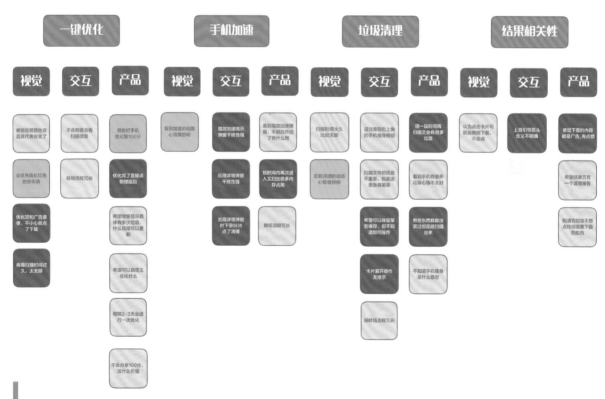

图 2-23　亲和图案例：百度手机卫士 9.0 主功能改版设计——访谈分析亲和图

　　附："亲和图"法（也称作 KJ 法），是将处于混乱状态中的语言文字资料，利用其内在相互关系（亲和性）加以归纳整理，然后找出解决问题新途径的方法（来自《科普中国》）。

　　首先，将收集到的每一个原始信息用即时贴记录下来，如图 2-24 所示。

图 2-24 用即时贴记录原始信息（图片来源：https://www.nngroup.com）

然后，由设计/调查小组成员共同对原始数据进行归类与整理，过程如图 2-25 ～图 2-27 所示。

图 2-25 归类与整理过程（一）

图 2-26　归类与整理过程（二）

图 2-27　归类与整理过程（三）

　　最终完成的效果如图 2-28 所示。具体的实施可以参考本节的作业单。

图 2-28 亲和图最终完成的效果

3．焦点小组

焦点小组是一种结构化的小组访谈，其情境如图 2-29 所示，适合在产品设计及产品开发初期进行，是一种能在短时间内获得大量信息的方法。所谓"结构化的小组访谈"，是指在主持人的引导下，针对某些设定好的假设、问题或观点，进行小组用户的体验分享和讨论。这种小组访谈能够帮助设计者更好地理解目标用户，并能够确定（缩小）之后的研究范围。但是，焦点小组的分析结果同时也具有欺骗性，因为小组访谈的参加人数有限，不能覆盖更广泛的用户。因此，焦点小组获得的假设模型，可以结合情境调查，将研究扩大到更广泛的研究群体，从而获得实证验证。

图 2-29 焦点小组情境

（1）实施方法：实施焦点小组之前，需要确定讨论的内容和主题（问题观点探索、功能优先级别确定、趋势解释等），挑选好招募对象（年龄、性别、收入、职业、生活/工作状态等）。实施时，注意小组讨论保持开放性、无引导性和暗示性、鼓励个性化等。如果可能，可以录制焦点小组讨论的过程。实施焦点小组的主持人需要做好充分的准备，并始终控制讨论的节奏，不对参加者进行判断并尊重他人的表达，鼓励每个人都参加讨论，同时，避免小组讨论变成访谈。焦点小组实施后，需要对数据进行整理和分析，提取数据中产生的关键词和趋势，从而形成有用的假设和观点。

（2）内容：根据焦点小组的组织目的和讨论内容的不同，可以将焦点小组分为以下四种。

1）探索性焦点小组：就一个设定好的问题或观点，进行普遍性态度的收集，帮助设计者理解用户，例如"选择不同网络平台购物的标准是什么？""浏览新闻时是否会关注视频信息？"等。

2）优先级分析焦点小组：关注哪些特性更吸引用户，希望对不同功能进行优先级别的排列。这类焦点小组，一般是在产品架构有了一定的轮廓时进行，从而帮助设计者对产品的功能结构进行优化。

3）竞争性分析焦点小组：了解用户对竞争性同类产品的使用体验，发现用户使用其他竞争性产品时的好的体验及遇到的问题。这是产品分析的数据来源，也为产品设计的优化和定位提供更好的依据。

4）趋势解释焦点小组：针对一个/多个用户存在的行为或者习惯，通过焦点小组，找到其存在的原因和理由，例如某一类用户习惯用QQ，而不是微信等其他软件进行朋友之间的联系。

（3）完成要求：从数据中提炼出故事（不同类别用户完成任务的方式与顺序、不同类别用户故事的不同、不同类别用户完成任务时的观点与体验）、问题（所遇到的问题清单和共同的情感问题）、假设（根据讨论对发现的趋势和原因进行分析，并做出趋势的解释和假设）。

4. 可用性测试

可用性测试针对已经生成的产品原型或现有产品/服务，进行有针对性的用户测试和结构化访谈。通过让用户基于产品或原型完成一系列任务，如图2-30所示，使设计者了解在实际使用过程中，产品原型某些具体特性的服务情况和某些功能的实现情况。这些特性和功能的可用性测试、对产品及产品功能流程的评估，是产品设计与开发周期中的重要环节。可用性测试可以在产品初步原型形成之后进行，从而实现迭代式的下一步产品优化；也可以在产品开发完成后，或需要更新产品版本时进行，为新版本的产品开发提供依据。

图 2-30　可用性测试

（1）实施方法：根据测试要点，确定招募标准（性别、年龄、职业、其他相关特点要求），招募有针对性的测试对象。创建合理的、典型的测试任务。通过初步访谈向测试用户描述任务的情境、限定时间和最终目标。开始实施测试后，录制用户的操作过程，观察用户完成任务时的相关数据（行为流程、行为消耗时间、错误操作等指标数据），记录所有相关数据。测试完成后，与被测试者进行基于完成任务和观察结果的访谈。访谈问题可以包括"是否能理解导航的名称意义""哪些内容吸引了注意力""有没有地方需要额外的信息帮助""界面的元素安排是否与自己预期的一致""完成任务的时候，第一步做什么""应知道在哪里交互吗"等关于界面和任务完成方面的问题。最后，可以询问测试者有没有什么问题和建议。访谈完成后，结合访谈结果和观察数据，进行汇总与总结。

（2）内容：首先，对于观察用户完成任务过程中需要记录下的数据，一般可以用度量数字来描述。例如，对于某个任务中的子任务，用户的执行结果可以描述为：0—失败、1—以缓慢迂回方式获得成功、2—成功但比较缓慢、3—很快成功。以这样的度量方式，将不同用户的每个任务完成的情况记录下来。基于这些数据，关注每个任务的平均值、极值等数据，来分析和对比不同任务对应功能架构和流程的使用情况，为最后的汇总和总结提供依据。

其次，访谈需要获得的信息内容，主要包括：获得任务要求后，在界面浏览时的感受（页面布局、关注到的重点元素、完成任务的重要信息、是否缺少信息等）；在操作交互时的感受（想点击哪里，是否知道要点击什么元素、怎么完成目标等）。

（3）完成要求：将访谈和观察结果放到一起，对关联的部分进行汇总、分组。寻找并定位问题，描述其严重性，并解释可能的原因。最终，形成完整的测试报告，为产品迭代与更新指明方向和路径。

2.1.4 用户研究计划

在了解了"目标用户背景资料分析""情境调查""焦点小组"和"可用性测试"这四个主要的用户研究方法后，需要根据不同的研究任务制订可行的、有效的用户研究计划。因此，进一步了解不同研究方法的特征，能帮助我们选择合适的方法，从而制订可行的用户研究工作实施计划。

用户研究计划

不同用户研究方法特征比较见表 2-1。

表 2-1 不同用户研究方法特征比较

用户研究方法		定性 / 定量分析方法		适合实施的时间点 / 周期
目标用户 背景资料分析	访谈	定性		设计 / 开发过程的起始阶段，或需要重新定义用户和市场的情况下
	问卷调查		定量	
情境调查		定性		在确定目标用户后，需要细化和确定设计问题及任务分析阶段
焦点小组		定性		需要定义产品具体属性、特征，确定功能优先级别的阶段
可用性测试		定性		形成产品原型后的迭代优化阶段。能发现交互问题和潜在需求。可以周期性开展。当已有产品需要更新迭代时，也可以从可用性测试开始

表 2-1 中，访谈、情境调查、焦点小组和可用性测试的研究方法是基于对部分典型用户的经验性、描述性的研究和判断来预测趋势和形成推论的。而问卷调查这种定量的分析方法，是通过对大量样本的问卷调查数据进行量化统计分析，来获得更为准确的预测和特征结果。定量分析的样本量具有不确

定性，应根据具体实施情况来确定。但是，样本量需要在一个可信的范围内。例如，如果总用户量在 1 000 人级别，则样本量需要在 150 人左右；如果总用户量在 10 000 人级别，则样本量需要在 300 人左右；如果总用户量在 100 000 人级别，则样本量需要在 800 人左右。一般来说，定性研究是定量研究的基本前提，而定量研究是定性研究的进一步深化。同时，表 2-1 还表明，不同的用户研究方法适合在不同的项目实施时间点开展，并且不同的方法也可以一起配合实施。

表 2-2 可以作为制订用户研究工作实施计划的参考模板。在开始用户研究之前，首先判断并确定研究的目标与对象，然后选择合适的研究方法，并做好具体的步骤安排与人员分工。同时，梳理需要研究的问题，并按照优先级别，从前至后排序（如表 2-2 中的调研方向 1、2），并设置与之对应的细化的访谈问题或问卷的具体问题（如表 2-2 中的细化问题 1、2、3）。对每个不同的实施环节，都可以制订这样的详细实施计划，并且注意所有细化问题一定要从调研问题出发，以保证每个研究环节的有效开展。

扫码下载表格"用户研究实施计划"

表 2-2　用户研究工作实施计划参考模板

用户研究实施计划　　　　团队成员：

调研目标	1. 大的目标类别（1）（2）或（3）； 2. 具体的目标内容		
研究对象	可以多个		
调研方法	深度访谈、问卷、观察等		
实施计划描述	具体的时间、地点		
团队分工	不同团队成员的负责事项		
调研方向 1： 方向的具体描述	细化问题 1： 问题的具体描述：		
	细化问题 2： 问题的具体描述：		
	细化问题 3： 问题的具体描述：		
调研方向 2： 方向的具体描述	细化问题 1： 问题的具体描述：		
	细化问题 2： 问题的具体描述：		
	细化问题 3： 问题的具体描述：		

可以随着研究的不断推进，对用户研究工作实施计划进行优化和调整。前一阶段的研究结果对后

一阶段的用户研究有着很好的指导作用。因此，随着研究的开展，用户研究工作实施计划将不断完善，从而保证用户研究的可行性和有效性。这里还需要强调的一点是，调研问题的细化与设置，需要考虑到问题的开放性和可行性。这一点在作业单 02 的总结中曾经提到，即总结式、概括式的问题将增加被访谈者回答问题的难度，无法得到访谈所需要的信息。另外，用户研究工作实施计划还包括团队成员的具体分工，以及团队工作开展前需要准备的材料和工具等。

2.1.5　用户体验地图

用户研究工作在用户研究工作实施计划的基础上实施与开展后，针对获得的各类信息与数据，需要根据"初心"，即刚开始设定的研究目标，来分析这些信息与数据，从而帮助团队进行产品 / 服务的设计或迭代优化。用户体验地图就是经常被采用的一种设计工具，它帮助人们分析、整理用户研究成果，为用户体验的分析和产品痛点的梳理进行指导。下面首先了解用户体验地图的定义。

用户体验地图

用户体验地图是指从用户的视角出发，去理解用户、产品或服务交互流程的一个重要的设计工具。也可以说是以可视化的形式，通过叙事的方式来表现一个用户使用产品或接受服务的体验情况，从对体验的过程性的研究来发现用户在整个体验过程中的问题点与情绪点，从中提取产品的优化点，以方便对产品进行迭代，从而保证良好的用户体验。

Chris Risdon 对欧洲铁路购票体验地图进行了解读。图 2-31 所示是欧洲铁路购票体验地图的一部分。欧洲铁路公司是一家美国经销商，其为北美旅客提供了一个独立预订火车票去欧洲各地的平台，而无须用户去网站预定。虽然欧洲铁路公司已经拥有了一个用户体验良好的网站和一个屡获殊荣的咨询中心，但其希望通过所有接触点来优化用户使用过程，这样可以更全面地了解自己所应专注的投资、设计和技术资源。

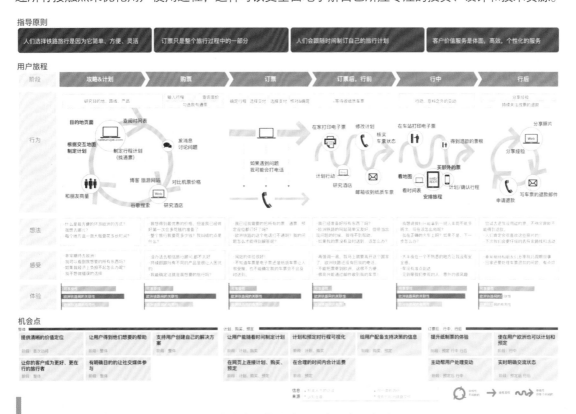

图 2-31　Chris Risdon 绘制的欧洲铁路购票体验地图（中文版，部分）

欧洲铁路购票的用户体验地图是整体"诊断"评价系统中的一个重要部分。用户体验地图可以帮助设计师在购票这个情境中与用户建立同理心，以便更好地理解随着时间和空间的推移，用户与欧洲铁路公司服务系统交互时接触点的变化和对交互行为的体验。一个用户体验地图可以直观地表示用户操作流程、期望、特定的目标、用户情绪状态和整体的体验点，有助于整体把控和评估产品及服务流程的体验。

下面以青年旅行者旅行过程用户体验地图（图2-32）为例，对用户体验地图的构成进行解读。在这个用户体验地图中，采用了四个构成组件，即研究目标、行为模型、体验评估和机会要点。

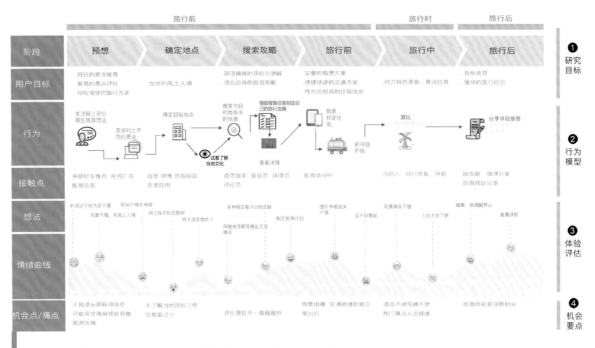

图2-32　青年旅行者旅行过程用户体验地图（学生作业案例）

1. 研究目标

这个部分包含了阶段和具体用户的目标需求，而这些内容正是用户体验地图的研究目标，也是整个设计的核心出发点。这些内容与不同的目标用户有关，与不同的阶段有关，也与每个阶段用户的具体需求有关。因此，"研究目标"部分是需要首先确定的部分，它包含了"阶段"和"用户目标"。

在这个案例中，阶段主要分为"旅行前""旅行时"和"旅行后"，而"旅行前"阶段又可细分为"预想""确定地点""搜索攻略"和"旅行前"四个具体的环节。所以，针对四个具体的环节，在初步调研的基础上，确定相应的用户目标需求。比如，在"预想"环节，青年旅行者需要好玩的景点推荐、客观的景点评价和轻松愉快的旅行方案。而在"旅行前"环节，他们需要的是实惠的购票方案、便捷快速的交通方案和性价比较高的住宿信息。在"旅行后"阶段，用户的目标需要是感到有所收获和体会到愉快的旅行经历。

2. 行为模型

此部分可以多种不同的方式呈现（流程图、故事板等）。其目的是把从一个阶段到另一个阶段的行为过程和在不同媒介之间的行为转变，用可视化的方式表现出来。在"行为模型"部分中包含了"行为"和"接触点"两个层面，也就是用户在不同阶段所进行的行为和行为流程，以及在每个行为中所接触的对象。这些对象可以来自不同的媒介，可以是其他用户（人）、互联网产品（网站、APP）的某个服务功能或广告、杂志等其他传递信息和提供服务的媒介。

在这个案例中，通过流程图的方式对用户不同阶段的行为进行描述，并把不同阶段的行为联系起来。从"预想"环节的"关注网上评价，萌生旅游想法"开始，到"查阅对比不同的景点"，这些行为的接触点是"亲朋好友推荐、电视广告和旅游杂志"。到了"确定地点"环节，青年旅行者通过接触点（百度等搜索平台、旅游网站和旅游类APP）去了解更多具体的风土人情，从而确定旅行地点。之后，为了更多地了解当地的文化和进一步了解旅行的目的地，用户会进行更多相关的信息查询。此时，他们会聚焦在各类旅游平台的搜索页、发现页、详情页和评论页。

3．体验评估

这一部分需要体现出用户在对应阶段的具体体验，即沮丧、满意、悲伤和困惑等反应的感觉。这是了解用户与特定接触点之间行为感受的重要评估部分，同时也为后面部分机会要点的分析提供有效支撑。

在 *Anatomy of an Experience Map* 一文中，Chris Risdon 提道："用户体验地图应该有一些定性和定量信息，以便以有意义的方式呈现。"在欧洲铁路公司的案例中，进行了一个囊括2 500条反馈的调研，同时与欧洲铁路公司的客户进行了实地调研。基于这些调研结果，总结了包含定性和定量两个部分的相关体验评估。

在这个案例中，使用了"想法"和"情绪曲线"分别表现定性和定量的体验评估。对应每一个行为的情绪级别是基于反馈的定量调研数据汇总分析产生的。

4．机会要点

用户体验地图并不是直接得出设计结论，而是对不同阶段中的设计机会和痛点进行描述。这些要点与不同的用户和他们的不同需求目标、不同情境及不同阶段都有着密切的关联。而每个机会要点的重要性和价值则是基于其对应的体验评估的结果表现。

因此，本案例中呈现出每个阶段对应的机会和痛点。其中，特别需要关注的是"本地文化相关信息量少""评价真假难辨""购票困难""语言不同"等机会点。因为与这些对应点关联的体验评估情况比较差，因此其重要性和价值就相对突出。当然，其他机会点也同样需要关注，因为它们之间是密切关联的。

2.1.6　用户研究实践

在了解了用户体验的概念、用户研究方法、用户研究工作实施计划和用户体验地图后，可以通过作业单03进行用户研究的完整过程的实践。需要从研究目标出发，按照制订好的用户研究工作实施计划有序开展用户研究，最终完成用户体验地图的制作。

用户研究实践

作业单03：用户研究实践

作业单目的：基于前期介绍的用户体验与用户研究的相关基本概念，通过项目实践，完成一个完整的用户研究工作，为后期的产品原型设计做准备。

对应能力点训练：用户研究方法的组织和实践能力、与用户交流的能力、信息分析与汇总能力、痛点的提炼与总结能力、团队合作沟通能力。

作业单号：03。

作业名称：用户研究实践。

作业描述：确定用户研究目标与研究对象；选择合适的研究方法，制订用户研究工作实施计划；实施用户研究；分析数据并制作用户画像和用户体验地图。

完成形式：2～3人组成小组。以小组为单位，提交用户研究计划、研究过程记录（录音、文字记录）、用户画像、用户体验地图。

完成步骤：

（1）制订用户研究工作实施计划：

1）小组讨论确定研究目标。

2）根据研究目标，确定研究对象（用户类别、特征）。

3）制订用户研究工作实施计划（时间、地点、步骤、分工）。

4）准备研究材料（访谈问题、纸张、其他工具等）。

作业单 03

（2）进行用户研究并记录、分析：

1）根据用户研究工作实施计划具体实施。

2）仔细记录研究过程（记录研究收集到的数据、记录研究时的场景）。

3）收集研究数据，分析数据（找到数据的特征、数据之间的关联性、分类整理），完整记录对方的回答和描述。

（3）制作用户体验地图（Customer Journey Map）：

1）确立用户群体，确定产品目标，了解用户目标，并制作用户画像。

2）制作用户体验地图，包含人群（研究的目标用户是哪一类人）、用户的需求（用户想得到什么）、路径（在某种特定的场景下体验的整体过程）、接触点（现有产品与人或人与现有服务接触的关键点）、行为（用户的行为是什么样的）、情绪（体验过程中的感受、心情）、机会点（过程中可以突破的点，可以成为特色的地方）、解决方案（解决用户在体验过程中的痛点）、问题（解决用户在体验过程中的痛点）。

图 2-33～图 2-36 所示为用户画像与用户体验地图参考。

Megan Yap (Buyer)

About

Melissa is a graphic designer. She is passionate about fashion and always keep up with new fashion trends. During her free time, she will search for new apparels online. She is loyal to her favourite brand - Zara.

Behaviours

- Browse Carousell few times a week
- Use various online marketplace platforms
- Usually know what to buy before using Carousell and she will check the original price of the product before purchasing
- Buy items from sellers with good reviews
- Decides whether to buy the item based on meet up location, seller's responsiveness, price, images of the product and description.

Frustrations

- Product description is unclear and sometimes difficult to read due to the formatting.
- When searching for a product, she is annoyed by unrelated products and ads that showed up at the search result page
- Prefer post mail as meet up can be awkward.

"

The ads and unrelated products are really annoying.

Demographics

26 years old
Designer
Fashionista
Yishun

Personalities

Passionate about fashion
Creative

Goals

Look for secondhand apparels

图 2-33 用户画像与用户体验地图参考（一）

Megan Yap

Carousell Buyer, Designer, Fashionista

" *The ads and unrelated products are really annoying.*

Stages	Browse	Search	Before dealing	Before meet up	Dealing	Post meetup
Touchpoint	Saw a dress online / Check the original price	Search for the product on Carousell / Favourite the items / Check sellers' rating	Compare price and read product details / Chat with the seller and set appointment	Travel to meet up location / Contact the seller	Identify the seller / Receive and check the good / Make payment by cash	Rate and exchange feedbacks
Thoughts	• This dress is really beautiful! • Let's see how much is the dress.	• This dress is really beautiful! • Let's see how much is the dress.	• Let me try to negotiate the price. • This seller should be trustable.	• Hopefully the seller will show up on time!	• Which one is the seller • The dress seems okay!	• This is a good deal! Let me rate the seller.
Feelings						
Pain Points		• Ads and unrelated products showed up when searching for item. • Unable to compare price easily • Some product descriptions are not clear, and it's text heavy. • Some meet up location is inconvenient for her.	• Some sellers are not responsive. • Some seller don't allow negotiation on price.	• Feel uncertain as not sure whether the buyer will show up	• Trouble identifying the buyer. • Product might not meet the expectation based on the pictures.	

图 2-34　用户画像与用户体验地图参考（二）

Daniel Tan (Seller)

About

Daniel is currently he is pursuing degree in computer science at NTU. During his free time, he also work as a freelance photographer. He enjoys collaborating with people to tryout different photography concepts. Besides, he always look for good photography equipments online.

Behaviours

• Use Carousell almost everyday
• Familiar with the user interface of the app as he used the app frequently
• Browse for photography equipments frequently

Goals

• Look for clients for freelance photography jobs
• Sell underused photography equipments
• Seek for new collaboration opportunities on Carousell

Frustrations

• Listing a new product is a hassle
• Irritated by "low ballers"

" *I want my Carousell listing to be seen by more audiences and eventually sell my items.*

Demographics

24 years old
University student
Freelance photographer
Jurong East

Personalities

Passionate
Tech Savvy

图 2-35　用户画像与用户体验地图参考（三）

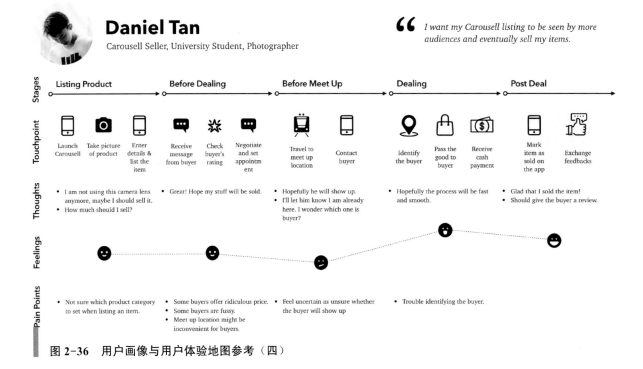

图 2-36　用户画像与用户体验地图参考（四）

学生部分作业参考，如图 2-37 ～图 2-39 所示。

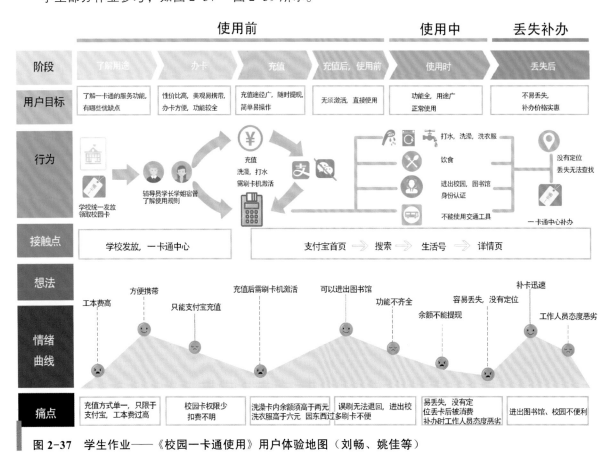

图 2-37　学生作业——《校园一卡通使用》用户体验地图（刘畅、姚佳等）

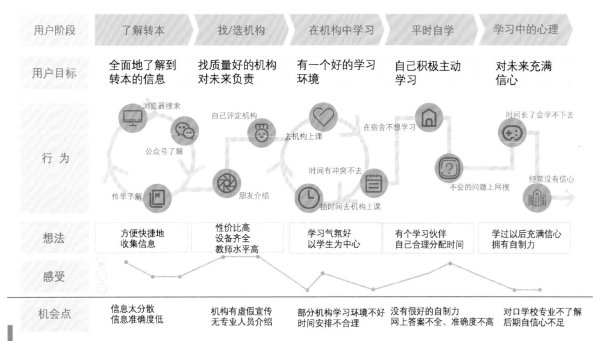

图 2-38 学生作业——《专转本学生校外培训》用户体验地图（马中远、孙昇昱等）

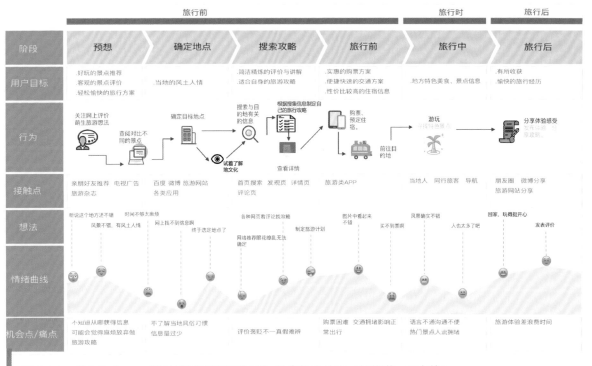

图 2-39 学生作业——《青年旅行者旅行体验》用户体验地图（付佳琪、刘奇等）

2.2 原型设计

在掌握了如何进行用户研究，即掌握了如何对用户的特性、用户所处的情境，以及与某个情境相关的用户体验进行研究和掌握了如何分析基于这些体验的用户需求和用户遇到的痛点问题的基础上，进一步介绍基于研究探索设计产品的概念原型，即从需求和痛点落实到具体的产品原型。

从第 1 章介绍的"以人为中心"的设计过程和"基于用户体验的产品设计模型"中了解到：交互设计的主要步骤是从研究、了解用户需求，到确定产品概念、设计产品原型，再到完成产品设计表现，然后对设计进行使用测试、功能验证，之后发现产品设计存在的问题与需求，最后更新优化之前的设计方案。在这样的迭代循环中，交互设计充分关注用户的需求与体验，使产品设计逐渐落地并优化成型。

在具体的交互设计实践中，产品原型是最终产品的雏形。产品原型设计是将产品概念和创意，通过快速方法创建出可见、可交互的原型。产品原型设计的前提是确定产品概念，产品原型是为了将设计想法快速、直观地表现出来，供设计团队内部讨论，供典型目标用户进行初步测试和验证，从而尽早地发现设计中的问题，尽早地优化产品。产品原型设计的过程，同样遵循"基于用户体验的产品设计模型"，如图 1-2 所示，从抽象到具体，从战略层、范围层到结构层、框架层和表现层。但在较为具体和细节的框架层和表现层，产品原型更多地关注产品流程结构和页面功能性布局，而视觉风格、配色、动效等感知方面的设计表现在产品原型中实现程度并不高。因此，经常称其为低保真产品原型。

2.2.1　从具体到抽象，还原设计流程

在开始介绍和练习产品原型设计之前，通过作业单 04 逆向还原设计的流程，对已有的产品进行从具象开始的逐步抽象，即从表现层出发，自上而下，逐步总结分析到战略层。在这个作业单中，使用纸质原型和 XMind 软件作为工具来完成作业。

从具体到抽象，
还原设计流程

作业单 04：设计还原，从具体到抽象

作业单目的：基于用户体验产品设计模型的五个层面，即战略层、范围层、结构层、框架层和表现层，从具体到抽象的逆方向，分析一个现有的互联网移动 APP 产品，从而理解每个层面设计的任务，以及上一层与下一层的关联性。

对应能力点训练：强化对用户体验产品设计模型的理解，从具体到抽象的分析、提炼、总结能力，设计思想视觉化的能力，团队合作沟通能力。

作业单号：04。

作业名称：设计还原，从具体到抽象

作业描述：确定一个现有互联网 APP 产品作为研究对象，绘制其低保真原型设计图、产品功能架构图和流程图，并分析产品的概念设计。

完成形式：2 人组成小组。以小组为单位，将目标产品抽象为低保真原型设计图，并在此基础上进一步抽象为产品功能架构图和流程图，最后提炼出产品的概念设计描述。

完成步骤：

（1）确定用来分析的互联网产品：

1）确定分析对象：现有的互联网移动 APP 产品。

2）整个产品的页面不少于 10 页。

（2）绘制低保真原型图：

1）基于原有的高保真网页，忽略颜色与背景等视觉元素，在纸上绘制低保真原型图，制作纸质原型，可以参考图 2-40～图 2-42。

作业单 04

图 2-40 纸质原型参考（一）

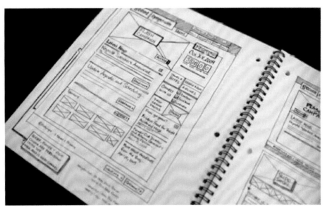

图 2-41 纸质原型参考（二）

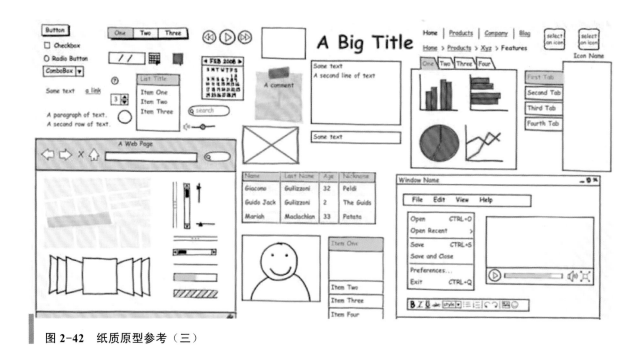

图 2-42　纸质原型参考（三）

2）还原低保真原型交互流程，可以参考图 2-43～图 2-45。

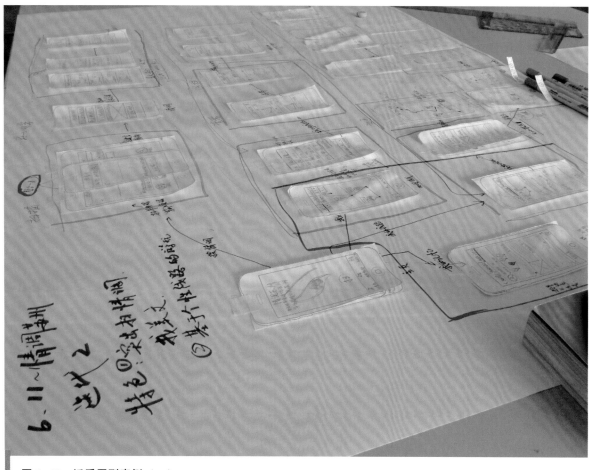

图 2-43　纸质原型案例（一）

图 2-44 纸质原型案例（二）

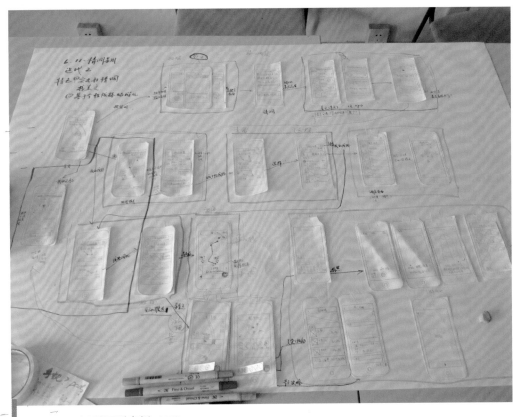

图 2-45 纸质原型案例（三）

3）在低保真原型图的基础上，绘制流程图，可以参考图 2-46（基于纸上手绘，用 XMind 软件完成）。

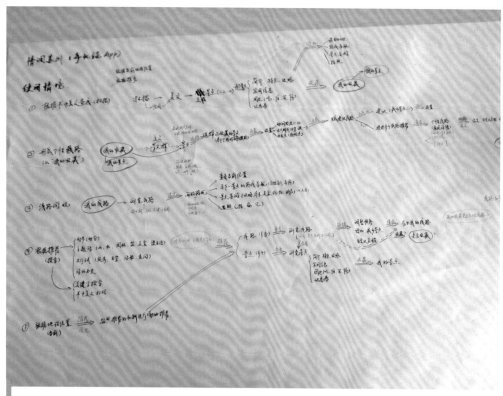

图 2-46　绘制流程图参考

4）基于流程图，形成产品功能架构，可以参考图 2-47。

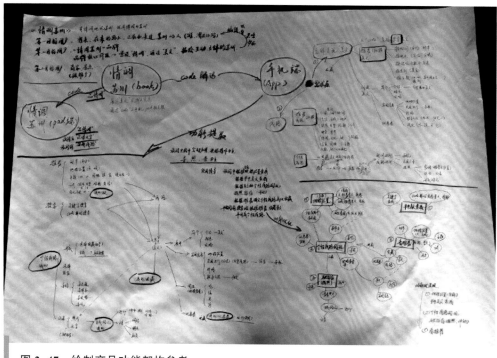

图 2-47　绘制产品功能架构参考

5）总结提炼产品目标用户以及产品概念。

学生部分作业参考，如图 2-48～图 2-54 所示。

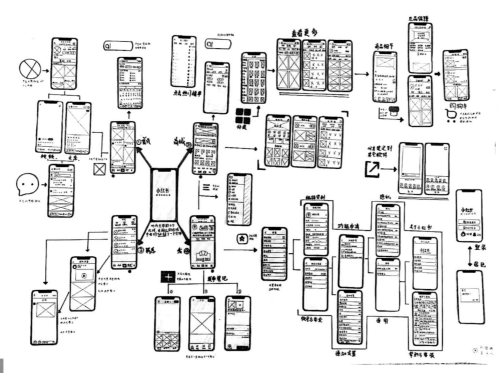

图 2-48 学生小组作业——《小红书 APP 产品纸质原型》（孙佳琪、吴月欢）

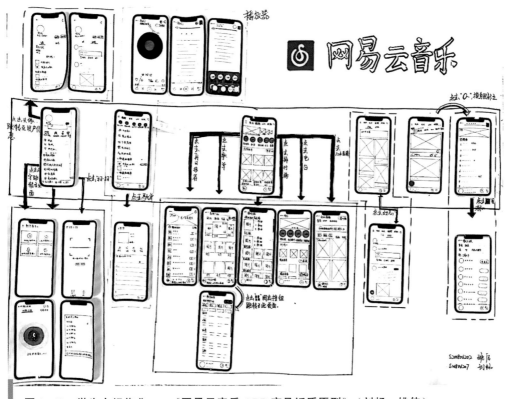

图 2-49 学生小组作业——《网易云音乐 APP 产品纸质原型》（刘畅、姚佳）

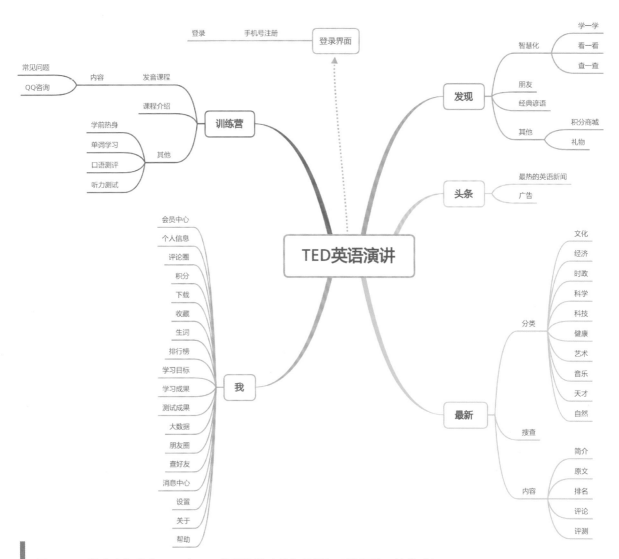

图 2-50　学生小组作业——《TED 英语演讲功能架构图》（洪绍鹏、韩佳成）

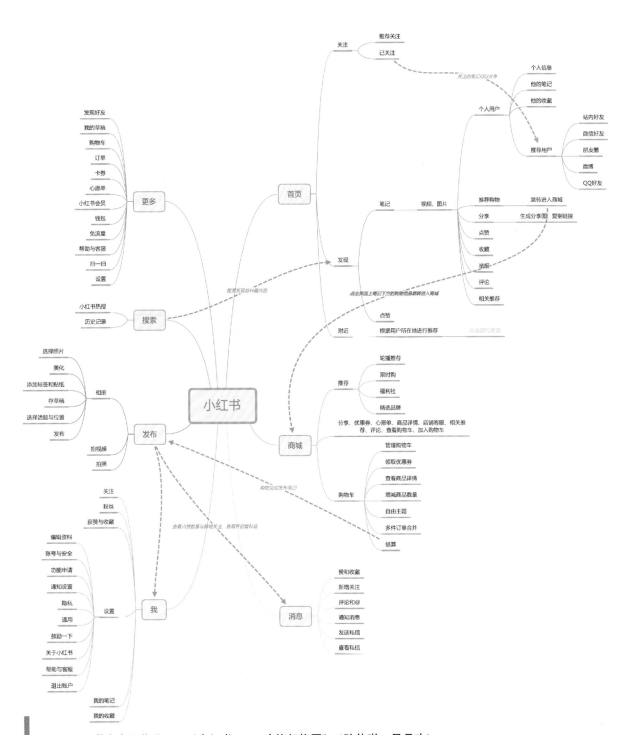

图 2-51　学生小组作业——《小红书 APP 功能架构图》（孙佳琪、吴月欢）

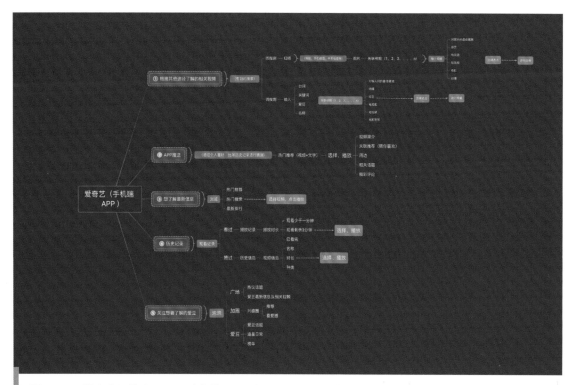

图 2-52　学生小组作业——《爱奇艺 APP 流程图》（王雨欣、肖雯）

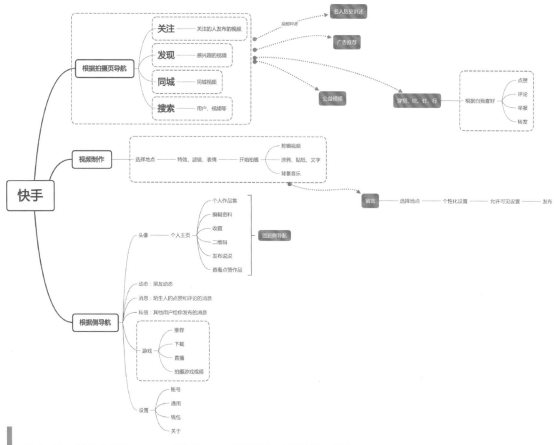

图 2-53　学生小组作业——《快手 APP 流程图》（周晶晶、孙雪）

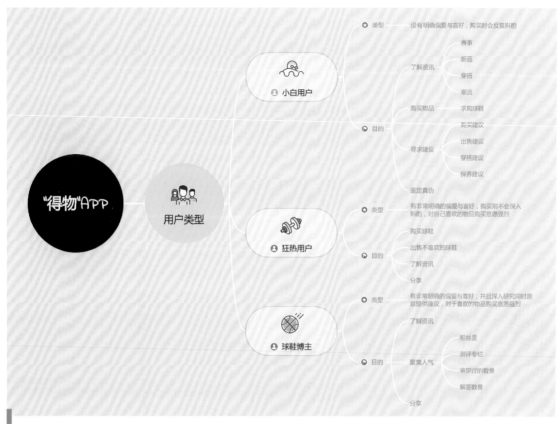

图 2-54　学生小组作业——《得物 APP 目标用户分析》（孙昇昱、韦紫云）

2.2.2　产品概念定位

从本节开始介绍从战略层开始的各个设计阶段。产品概念定位所对应的是基于用户体验的产品设计模型中战略层的设计工作，如图 2-55 所示。在这个层面中，设计师需要对用户和用户的需求进行研究，并在此基础上确定最终的目标用户和产品目标，称其为"产品战略"或者"产品概念"。这部分工作是整个产品交互设计工作的起点，也是原型设计的起始步骤。

产品概念定位

图 2-55　基于用户体验的产品设计模型中的战略层

产品概念定位的基础是对用户进行研究。在 2.1 节中已经详细介绍了用户研究的概念，用户研究的计划、方法及用户体验地图的制作过程。在这个阶段，需要运用用户研究的知识与方法来进行进一步的用户研究，确定"产品目标"和具体的"目标用户"。

下面以 2.1.5 节"用户体验地图"中分析的"青年旅行者旅行过程用户体验地图"为例,如图 2-39 所示,基于"青年旅行者旅行过程用户体验地图"的研究结果,进行产品概念定位的实践。

2.1.5 中"青年旅行者旅行过程用户体验地图"的研究结果描述如下:

"青年旅行者旅行过程主要分为'旅行前''旅行时'和'旅行后'三个主要阶段,而'旅行前'阶段又可细分为'预想''确定地点''搜索攻略'和'旅行前'四个具体的环节。所以,针对四个具体的环节,在初步调研的基础上,确定了相应的用户目标需求。比如,在第一阶段即'预想'阶段,青年旅行者需要好玩的景点推荐、客观的景点评价和轻松愉快的旅行方案。而在第四阶段即'旅行前'阶段,青年旅行者需要的是实惠的购票方案、便捷快速的交通方案和性价比较高的住宿信息。在最后阶段即'旅行后'阶段,用户的目标需要是感到有所收获和体会到愉快的旅行经历。

在行为模型方面,从'预想'环节的'关注网上评价,萌生旅游想法'开始,到'查阅对比不同的景点',这些行为的接触点是'亲朋好友推荐、电视广告和旅游杂志'。到了'确定地点'环节,青年旅行者通过接触点(百度等搜索平台、旅游网站和旅游类 APP)去了解更多具体的风土人情,从而确定旅行地点。之后,为了更多地了解当地的文化和进一步了解旅行目的地,用户会进行更多的相关信息查询。此时,他们会聚焦在各类旅游平台的搜索页、发现页、详情页和评论页。

根据体验评估确定机会要点:在每个阶段对应的机会和痛点中,特别需要关注的是'本地文化相关信息量少''评价真假难辨''购票困难''语音不同'等机会点。"

在以上研究结果的基础上,团队进行了二次调研,针对"旅行前"阶段的"搜索攻略"环节进行重点研究。如图 2-56 所示,二次调研进行了问卷调查和一对一访谈。调查了围绕"攻略"主题的四个问题:"有做攻略的习惯吗?""你认为旅行前有做攻略的必要吗?""做旅行攻略的目的是什么?""在做攻略时遇到的难题有哪些?"针对的研究人群是爱好旅游的青年。

二次调研的结果表明,研究人群中 70% 认为"有必要做攻略",但是会因为麻烦而"放弃做攻略"。而放弃做攻略的主要原因是"自己没有耐心",并认为网上的"相关信息多而复杂",并且"怀疑信息的真实性"。

调查问题:
1.有做攻略的习惯吗?
　有,哪方面?没有,为什么?
2.你认为旅行前有做攻略的必要吗?为什么?
3.做旅行攻略的目的是什么?
4.在做旅行攻略时遇到的难题有哪些?

调查方法:
问卷调查、一对一访问

调查人群:
爱好旅行的青年

图 2-56 《青年旅行者旅行体验》二次调研问题(付佳琪、刘奇等)

基于二次调研的结果，明确了细分的、具体的"目标用户"，即爱好旅行但没有计划和攻略的青年人；确定了"产品目标"，如图 2-57 所示，即以旅行攻略为主题的 APP，帮助想要旅行却没有计划和需要攻略的青年人，通过提供简洁明了的景点信息和对应攻略来进行参考和引导，使他们能够在产品上找到适合自己的攻略，帮助他们拥有良好的旅行体验。在产品中分享自己的旅行经历，让旅行变得简单愉快。因为产品的目标用户为想要旅行却没有计划和攻略的青年人，所以产品起名为"旅孩子"。

产品目标

《旅孩子》

以旅行攻略为主题的APP，帮助想要旅行却没有计划和需要攻略的青年人，通过提供简洁明了的景点信息和对应攻略来进行参考和引导，使他们能够在产品上找到适合自己的攻略，帮助他们拥有良好的旅行体验。在产品中分享自己的旅行经历，让旅行变得简单愉快。

图 2-57 **《旅孩子》产品目标描述（付佳琪、刘奇等）**

同时，创建"用户画像"（用户模型），即将获得的调研数据抽象为一个代表真实用户需求的虚构人物。用户画像的数量可以根据调研分析后产生的用户类别数量来确定。在《旅孩子》这个案例中，虽然用户类别比较单一，只涉及爱好旅游的青年人，如图 2-58 所示，但是，如果细分，还是可以继续分为在校大学生（男生和女生）、刚工作收入较低的青年和工作多年有经济基础的青年等类别。针对不同的类别，可以进行更具体的分析和提炼。

小张

男　20岁　单身　（活力型旅游者）

在校大学生

收入水平：2 000元以下

爱好：游戏、健身、网球、科技迷、旅游

居住地：上海

主要旅行地：南北各省

一年中出行次数：1~4次（出行时间平均在五天之内）

旅游关注点：当地美食、人流量、消费支出、好玩有趣的地点

旅行习惯：出发时间大多数选择在寒暑假，喜欢3~4人团队规模的"微"团旅行，每年的旅行花费平均7 000元左右，对出行方式关注不高，更注重经济便捷型的酒店和地方特色美食品尝，对各类购物信息兴趣较低。

图 2-58 **《旅孩子》用户画像之一（付佳琪、刘奇等）**

2.2.3　产品需求定义

在基于对用户需求和用户体验进行研究，确定了战略层的目标用户和产品目标，完成了产品概念定位后，需要梳理用户对具体内容和功能的需求，也就是对应用户体验产品设计模型中范围层的工作，如图 2-59 所示。

产品需求定义

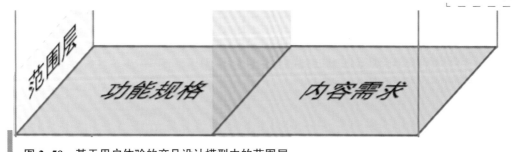

图 2-59　基于用户体验的产品设计模型中的范围层

下面继续以《旅孩子》为例进行分析。确定的目标用户为：爱好旅行，但没有计划和攻略的青年人。产品目标为：以旅行攻略为主题的 APP，帮助想要旅行却没有计划和需要攻略的青年人，通过提供简洁明了的景点信息和对应攻略来进行参考和引导，使他们能够在产品上找到适合自己的攻略，帮助他们拥有良好的旅行体验。在产品中分享自己的旅行经历，让旅行变得简单愉快。

根据前期的用户需求分析和用户画像的特点，围绕产品目标，继续梳理出有关的用户需求要点，即"定义具体的需求"。这个被定义的具体需求，与产品所涉及的人物角色有关联。不同的人物角色有着不同的具体需求。同时，同一种人物角色，在产品中的不同场景也有着不同的需求。下面列出的是针对"在校大学生"这类用户的具体需求。

"在校大学生"用户的具体需求如下：

（1）想看真实的游记。

（2）希望参考游记出行。

（3）注重旅行体验（吃、玩、乐），不注重购物需求。

（4）希望与有旅行经历的旅友交流。

（5）不需要过于具体的计划限制。

（6）愿意通过旅行交友。

（7）喜欢与 2 ～ 3 个好友共同出行。

（8）喜欢与和自己理念相同的朋友同行。

（9）旅行后希望记录和分享自己的旅行过程和感受。

（10）愿意回忆旅程。

（11）愿意帮助有需要的网友。

通过以上具体需求的梳理，发现"在校大学生"用户对旅行攻略的需求仅限于对相关游记的了解；对游记的真实性要求高，愿意与游记 PO 主（游记作者）交流；同时，他们并不需要非常具体的时间规划来规划旅游；另外，他们希望通过旅游来交友，特别愿意与想法和自己的理念相同的朋友共同出行。

2.2.4 产品功能架构和交互流程图绘制

在定义了产品的具体需求之后，需要根据用户的需求来绘制产品功能架构图和交互流程图，即用户体验设计模型中结构层所对应的设计工作，如图 2-60 所示。

产品功能架构和交互流程图绘制

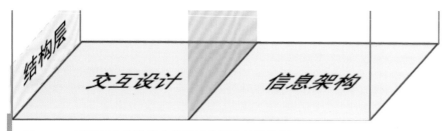

图 2-60 基于用户体验的产品设计模型中的结构层

1. 功能架构图

在《旅孩子》案例中，基于已经确定的需求特点，可以用写游记、看游记、与游记 PO 主交流、配对找旅伴等功能来满足用户的需求。通过"标签"来描述对旅游的想法和理念，使用户能找到志趣相投的旅友。通过旅行"地点"，寻找目的地相同的游记和有相同旅行地目标的朋友。同时，提供 APP 内的实时交流功能，供用户与游记 PO 主直接交流，满足用户对游记真实性的要求，并能够通过直接交流获得更多有用、有帮助的信息。另外，主要功能中搜索、游记、关注、旅伴的优先级别也有所体现。

综上所述，设计了《旅孩子》针对"在校大学生"用户的功能架构图，如图 2-61 所示。另外，也可以针对其他类别的用户，如刚参加工作的年轻人等，进行需求和功能架构的探索，在这里就不再举例。

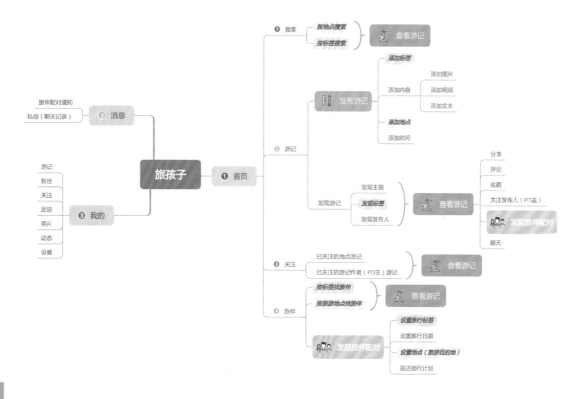

图 2-61 《旅孩子》功能架构图——"在校大学生"用户

　　功能架构图为后续的产品流程设计奠定了基础，决定了产品如何实现其目标，如何满足用户的需求，决定了产品设计的走向。功能架构图也可以为设计团队内部各设计师相互讨论和合作提供支持。

2．交互流程图

　　对功能架构中主要的交互流程进行梳理和设计，如图2-62所示。主要的交互流程包括：发布、搜索、查看游记，发起、查看旅行配对，查看关注和找旅伴等。

　　对比功能架构，交互流程图需要完整地考虑具体的实施步骤和与用户交互时所有需要的相关信息；需要考虑每个交互流程的起点和相关信息最终的流向，只有这样，才能为后续的低保真页面原型的绘制创建基础。如果这个步骤考虑得不够周全，那么在页面原型绘制时将会出现反复修改等低效率情况。

作业单 05：APP 移动产品概念及功能、流程设计

　　作业单目的：基于作业单 03 所创建的用户画像和用户体验地图，设计 APP 产品。完成产品功能架构、流程设计和概念设计报告。

　　对应能力点训练：进一步理解目标用户、进一步细化需求的分析能力，从需求点到功能点的架构能力，团队合作沟通能力。

　　作业单号：05。

　　作业名称：APP 移动产品概念及功能、流程设计。

作业单 05

　　作业描述：在作业单 03 成果的基础上，设计 APP 产品。完成功能架构、流程设计和概念设计报告。

　　完成形式：2～3 人组成小组（同作业单 03 组合）。基于前期调研及用户体验地图，设计一款互联网移动 APP 产品；确定具体的目标用户和具体的情境，完善功能架构图（含优先级分析）、产品流程图；完成概念设计报告。

　　完成步骤：

　　（1）确定目标用户、问题及具体情境：

　　根据前期研究成果，缩小研究范围，通过小组头脑风暴和小范围的二次研究，确定最终的目标用户（形容词＋名词）、设计目标（希望解决或改善的问题）、设计产品的使用情境描述。

　　（2）功能架构及功能优先级别分析：

　　1）根据用户需求点（痛点），确定解决方案。

　　2）细化解决方案，设计功能列表，分析功能优先级别，完善功能架构图。

　　（3）细化交互流程图：

　　1）根据功能优先级别，整合并确定产品流程。

　　2）完善交互流程图。

　　（4）完成概念设计报告：

　　按照参考案例结构，完成概念设计报告。

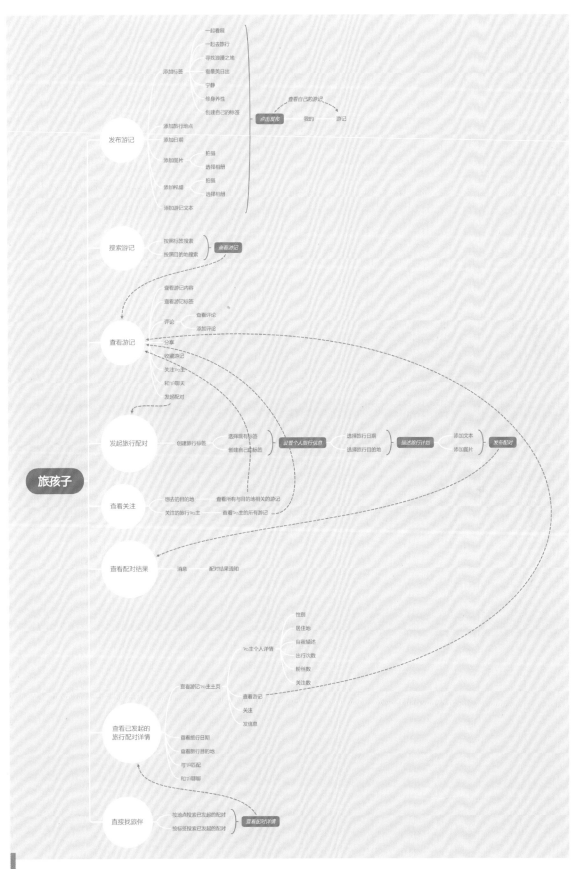

图 2-62 《旅孩子》交互流程图——"在校大学生"用户

2.2.5 低保真原型设计

低保真原型设计

功能架构图和交互流程图是后续框架层和表现层设计工作的前提。

如图 2-63 所示，在框架层，需要关注比结构层更为具体的问题，包括信息设计、界面设计和导航设计，这里统称为低保真原型设计，即关注所有功能和交互流程如何在每个页面上进行对应。这种对应包括了每个页面的功能框架是如何排布的，如按钮、菜单、输入框及其他控制组件等页面元素在页面上如何排布；包括了每个页面上都包含哪些相关信息，如文字、图片、视频等信息分别排版在什么位置，与页面上的控制组件是如何关联和配合的；包括了页面之间的跳转是由哪些控制组件实现的，页面之间的关联关系如何。用户能看到的就是每个页面，也是直接与每个页面进行交互的。因此，所有对产品的功能、信息传递和服务的体验，均在用户与所有页面交互的过程中产生。

处于最顶层的表现层，是在框架层的基础上更多地关注功能、信息内容与美学的结合，即更多关注视觉设计，关注视觉、听觉等感官所产生的愉悦感，这些感官的愉悦与人的感知规律有着很大的关联性，如对比性、一致性等。对应在这一层，需要完成的设计任务包括确定配色方案、排版、进行风格设计等。

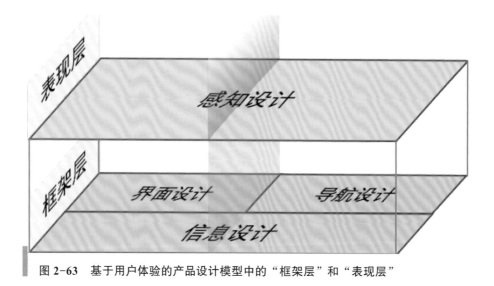

图 2-63　基于用户体验的产品设计模型中的"框架层"和"表现层"

低保真原型设计更多地完成框架层所对应的设计工作，即完成每个页面框架的设计实现，以及页面之间的交互流程。低保真原型设计可以使用纸质原型方式进行（如作业单 04 所示），也可以使用 Axure、Sketch 或者 Adobe XD 等软件来进行设计，因为这些软件都可以实现页面之间的交互链接，供设计团队内部讨论或原型测试使用。纸质原型也可以使用 Prototyping On Paper（POP）等类似的工具，将每页的纸质原型拍照录入工具平台，然后进行页面之间的交互链接，供测试使用。这种方式也是效率较高的一种低保真原型设计方式，方便进行快速原型优化。

下面继续以《旅孩子》为案例，介绍如何进行低保真原型设计。需要实现的功能包括写游记、看游记、与游记 PO 主交流、配对找旅伴等功能。交互流程包括发布、搜索、查看游记，发起、查看旅行配对，查看、关注和找旅伴等。同时，注意到在首页，功能的优先级最高的是搜索，接着是游记、关注和旅伴。

1. 首页

首页的框架布局如图 2-64 所示。

将搜索条放在页面顶端，并且始终在顶部供用户搜索游记；顶部横向导航从左到右，分别为"游记""关注"和"旅伴"。

首页的主要内容部分应安排呈现最新和最热的游记。对内容部分，应使用"图片轮播"的控件方式来表现最热的游记，分别用图片表示，可以单击查看游记。在"图片轮播"下方使用"瀑布流"的布局方式来布局最新游记，每个游记呈现一张主要图片、标题、游记 PO 主名和评论数。在"瀑布流"布局左边第一个位置放置"热门标签"供用户直接单击标签，进行游记的搜索和浏览。每个游记都可以通过单击图片查看。在内容部分的右下角，浮在最上层的一个按钮，对应的是"发布游记"功能。

在最下面部分，安排"首页""消息"和"我的"底部菜单条，供用户在三个功能组之间切换。因为"首页"是最重要的功能，所以将其放置在第一个菜单按钮位置。

2．搜索页

单击首页顶部的搜索条，会跳转到搜索页，如图 2-65 所示。搜索框中提示信息为"搜索标签、地点……"，因为产品的搜索功能包括了按标签搜索和按地点搜索。这里通过提示信息引导用户操作。

图 2-64　《旅孩子》首页——页面原型

图 2-65　《旅孩子》搜索页——页面原型

搜索框下面提供了热门搜索的相关信息，包含了热门的地点和标签，如"上海""一起去旅行"。另外，用图片的形式呈现热门的搜索游记。这里用九宫格的图片组织方式来表现。

3．查看游记页

从功能架构图（图 2-66）可以看到，查看游记页中包含分享、评论、收藏、关注、聊天和发起旅伴配对。因此，在查看游记的页面中需要涵盖这些功能，排布相应的按钮、图标等元素与之对应。

图 2-66 《旅孩子》"查看游记"功能架构图

从主页的任何一个游记或搜索页搜索到的游记,都可以通过单击,访问查看游记页。查看游记页原型如图 2-67 所示,包含游记 PO 主图标、名称、游记主题及内容(可展开查看完整内容),以及游记标签、该游记最新的评论内容(可展开查看更多)。另外,除以上与游记相关的信息外,还有"关注""和 TA 聊聊"和"发起配对"按钮,以及"分享""收藏"和"评论"图标,可以点击按钮或图标以实现相应功能。游记 PO 主图标也可以被单击,以查看游记 PO 主的个人主页。

单击"分享"和"评论"图标,会从页面底部上升出现相应的浮动窗口,如图 2-68、图 2-69 所示,分别完成分享和评论的功能。

"和 TA 聊聊"功能采用一个单独的新窗口,如图 2-70 所示,用户在这个新窗口中可以直接与游记 PO 主进行交流,交流的信息记录将会被保存在"消息"页面中。完成交流时,用户只需单击"和 TA 聊聊"页面顶部最左边的"返回"按钮,即可以回到查看游记页。

"关注"和"收藏"图标是供用户关注游记 PO 主和收藏游记的。在单击了"关注"按钮后,会出现浮动的提示信息"关注成功",同时按钮上的"关注"文本切换为"已关注",如图 2-71 所示。同样,单击"收藏"图标,也会出现浮动的提示信息"收藏好了哟",同时"收藏"图标由空心图标切换为实心图标,以表示本游记已被收藏,如图 2-72 所示。

图 2-67 查看游记页——页面原型

图 2-68 游记分享——页面原型

图 2-69 游记评论——页面原型

图 2-70　和 TA 聊聊——页面原型

图 2-71　已关注——页面原型

图 2-72　已收藏——页面原型

　　值得注意的是，在查看游记页的功能架构图和交互流程图中都有一个重要功能"发起配对"。可以看到在查看游记页的右下角有一个"发起配对"按钮，这个按钮就是提供"发起旅伴配对"功能的。下面对发起配对页的框架设计进行介绍。

4. 发起配对页

　　"发起旅伴配对"功能架构如图 2-73 所示，需要提供设置标签、设置旅行日期和目的地，以及具体的旅行计划的描述。同时，参考交互流程图中"发起旅伴配对"的流程设计，设计页面的交互流程。

　　因此，发起配对页由四个页面按顺序组成一个发起旅伴配对的专门流程，如图 2-74 所示。该页面从左到右，逐步引导用户从设置标签到设置日期和地点、描述旅行计划，最后单击"立即发布"按钮来发布自己的配对需求。配对的结果将在"信息"功能中呈现。

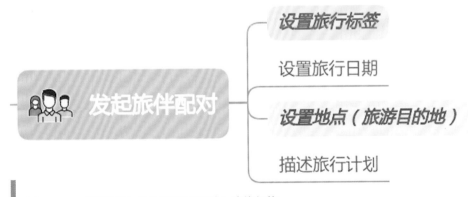

图 2-73　《旅孩子》"发起旅伴配对"功能架构

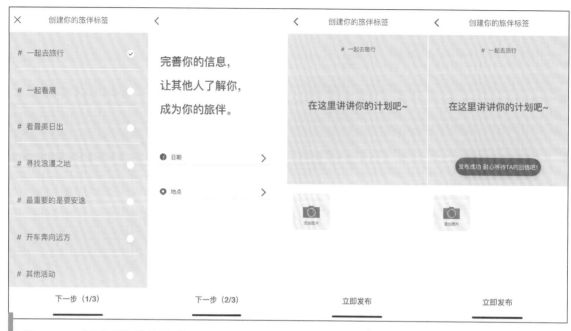

图 2-74　《旅孩子》发起配对页面 1 ～ 4——页面原型

5. 关注页和旅伴页

根据功能架构图，首页中的关注页需要包含"已关注的地点"和"已关注的 PO 主"两个类别的游记，如图 2-75 所示。而首页中的旅伴页则包含了"按地点查看"和"按标签查看"两种方法，因此，在旅伴页中设计了两个可供选择的按钮"按地点"和"按标签"，供用户切换查看，如图 2-76、图 2-77 所示。

图 2-75　关注页——页面原型

图 2-76　旅伴页（按地点）——页面原型

图 2-77　旅伴页（按标签）——页面原型

6. 消息页和我的页

下面介绍整个页面底部导航栏中的另外两个标签对应的页面，即消息页和我的页。

消息页需要包含两类消息，即"通知"和"私信"。"通知"类信息是呈现用户发起旅伴配对后的反馈信息，反馈对方的配对结果，如图 2-78 所示。"私信"类信息是保存和呈现用户在 APP 中与其他用户对话的内容记录，如图 2-79 所示。这两类信息的来源，在发起配对页及"和 TA 聊聊"页面的介绍中也有提到。

我的页将与个人相关的信息进行汇总呈现，这个页面需要包括的信息有个人所有游记汇总、粉丝数、个人关注数、足迹（旅行过的地点），以及个人上传的照片和个人在 APP 中的动态等。其页面原型如图 2-80 所示。

图 2-78 消息页（通知）——
页面原型

图 2-79 消息页（私信）——
页面原型

图 2-80 我的页——页面
原型

以上这些页面包含了《旅孩子》APP 低保真原型中的主要页面，一些二级、三级页面没有一一在篇幅中呈现。但在设计实践中，作为一个产品的低保真原型，需要包含产品的每个页面，这样才能很好地进行产品测试和验证，才能更好地表现出产品的所有功能和流程，也为后续的高保真视觉设计打好基础。

小贴士：

（1）在进行低保真原型设计前，建议多看一些优秀的产品案例，从而了解当下页面结构的行业习惯和流行趋势。可以将不同的信息表达形式分类记录下来，如照片、标题、文本等信息内容都可以用怎样的组件方式呈现，可以做一些笔记，为自己的设计实践拓展眼界、增加可用素材。如果需要了解组件的常用形式，可以学习一些相关资源和平台，如 amaze UI、Vant 等。了解 UI 组件相关的信息，会使设计师的设计方案能更高效地被实现。

（2）产品运行平台往往会有所不同，如 iOS 或者 Android 等。因此，可以在设计低保真原型时参考与运行平台对应的基础组件。设计软件如 Sketch 或 XD 都有相关组件库可以使用，例如组件Apple iOS UI 或 iOS UI Design、Material Design Kits、Ant Design 组件包等。

（3）产品运行的载体也会不同，移动手机、网站、桌面应用、智能手表等载体在当下应用非常广泛。

因此，在设计低保真原型时，也要充分考虑运行载体的特征，如屏幕尺寸、移动运行环境、固定桌面环境、室内环境、室外环境等。这些特征会影响页面中安排内容信息量的多少、按钮排放位置的不同、页面交互方式的不同等。（2）中提到的各类组件包也会针对不同的载体提供不同的资源。

<h3 style="text-align:center">作业单 06：APP 移动产品低保真原型设计</h3>

作业单目的：在作业单 05 成果的基础上，设计 APP 产品。基于 APP 产品功能架构和流程设计，完成低保真原型设计。

对应能力点训练：进一步从抽象到具体的实现能力、产品关联平台的能力、产品关联媒介的能力、团队合作沟通能力。

作业单号：06。

作业名称：APP 移动产品低保真原型设计。

作业描述：在作业单 05 成果的基础上，设计 APP 产品。基于 APP 产品功能架构和流程设计，完成低保真原型设计。

完成形式：2～3 人组成小组（同作业单 05 组合）。基于功能架构图（含优先级分析）和交互流程图，完成低保真原型设计。

作业单 06

完成步骤：

（1）完成纸质原型图：

根据功能架构及产品流程，细化页面原型，完成页面的低保真原型，并使用纸质原型方法，完成页面间的流程关系描绘。

（2）使用 POP 工具，完成低保真原型交互：

1）将纸质原型按页面拍照录入手机；

2）使用 POP 工具，将所有页面进行链接，实现页面交互（注意交互动作行为的确定）。

（3）测试低保真原型，完善并迭代低保真原型：

1）对使用 POP 工具完成的低保真原型，进行典型用户的测试，记录测试过程，并分析测试结果；

2）根据测试结果，分析并确定需要修改的对象（功能、流程、页面结构、交互方式等）。

（4）完成原型的二次迭代：

根据确定的修改对象，完善产品原型，完成原型的二次迭代。

2.2.6　测试与迭代

测试与迭代是"以用户为中心"设计循环中的重要环节。通过目标用户参与产品测试来发现设计方案中的问题与不足、用户需求的满足度、功能的实现度和操作的可行性等。这些反馈信息对产品的进一步设计与优化起到了关键的作用。这样的测试也是交互设计从"人"出发、以"人"为中心、注重用户体验的核心体现。

测试与迭代

针对产品原型的测试一般包括以下步骤：

（1）确定目标用户的具体特征，如性别、年龄、工作职业、婚姻状况和其他与产品相关的特征。确定这些特征是为了准确而有针对性地招募测试者。

（2）确定测试目标，即此次测试是为了获得什么结果，从而确定需要测试哪些内容。如在《旅孩子》的案例中，需要测试首页中"游记""关注"和"旅伴"三项主要功能的优先级别是否合适。

还可以测试用户是否知道如何完成"发起旅伴配对"任务、是否能注意到可以在消息页的"通知"功能中查看"发起旅伴配对"的结果，以及用户对此是否觉得合适。

（3）确定测试任务。在确定了测试目标和内容后，根据测试内容，确定参加测试的被测者需要完成哪些具体任务。如前面提到的优先级别类型的测试，可以请被测者以 1～5 分对每个功能的重要性进行打分，1 分表示非常不重要，5 分表示至关重要；同时，可以用 1～5 分对每个功能在产品原型中体现重要性的满意程度进行打分，1 分表示最不满意，5 分表示非常满意。可以通过这样的测试汇总得出产品原型中各个功能实现的优先级别的合适度和有效性。

另外，对于某个任务流程的测试，可以提供给被测者一个任务的描述，要求他们完成一个特定的任务。测试者可以观察和记录被测者的操作过程，包括顺利操作的步骤、操作出错的步骤、反复操作的步骤及其任务完成的时长，并在任务完成后对被测者进行访谈，包括是否知道如何操作、操作过程是否合理、提示信息是否有帮助、操作反馈是否能被理解等。对于某个任务的执行结果，可以用 0～3 分对每个被测者的操作过程进行打分，0 分表示失败，1 分表示以缓慢迂回的方式获得成功，2 分表示成功有点慢，3 分表示很快成功。

最后，也可以设置一些开放性的问题来测试用户对整个产品的体验度和对产品的期待。

（4）收集及分析测试和观察的结果。根据具体的测试任务完成了测试和观察后，需要将结果汇总起来，并进行分析。从以下三个方面可获得下一步优化产品方案的具体依据：

1）对功能设定的合理性、重要性进行梳理。

2）对页面布局和操作流程的可理解度、可行性和流畅度进行评价。

3）对总体的产品满意度进行评估。

最后设置的开放性问题，将对提取产品的发展趋势有很好的指导作用。

基于产品原型的测试，可以优化原型设计方案。从宏观的功能设定层面，到具体的页面布局层面，以及操作流程层面，都可以通过测试和迭代获得产品的优化设计。对于优化后的产品原型，同样可以进行测试来产生再一次的迭代。当然，这取决于产品设计开发的时间与周期。

产品原型完成后，将被交付于视觉设计者进行表现层的感知设计方面的工作，即关注功能、信息内容与美学的结合。在这一层面，需要完成的设计任务包括确定配色方案、排版、进行风格设计等。这部分的内容将在下一章进行介绍。

思考与实践

1. 思考四种用户研究方法在实践中需要注意的关键点。

2. 思考用户体验地图对于原型设计的作用。

3. 广泛收集针对各类常用流程的低保真页面设计案例（如查询、分享、筛选等），并对其进行分析。

第 3 章
从原型到页面视觉设计

学习目标:

本章着重强调设计中的系统思维,引导读者站在全局角度看待页面视觉设计方法,同时把握每个局部为整体设计服务的理念。通过本章的学习,希望读者能够对移动端的设计标准和使用场景特点有一定程度的理解,可以采用更为理性的方式对设计元素进行统筹分析与整合,同时能够体现个人的设计风格与特色。

3.1 情绪板

情绪板

通过上一章的学习,在掌握了产品低保真模型设计的方法后,应该采用科学合理的概念转化方法将合理的视觉元素运用到低保真页面中,从而达到向高保真页面的转化。本章引入的这种概念转化方法,称为情绪板。

3.1.1 情绪板的概念与作用

当进入页面高保真设计时仍然需要明确这是在为用户设计,对于用户的研究及产品理念的传达是在高保真设计的步骤中首先需要完成的。这一阶段中,情绪板可以帮助我们将用户的需求与产品的理念等抽象元素进行科学的视觉化,有理有据地提出视觉设计的风格和方向。另外,情绪板也可以帮助我们以富有逻辑的方式向设计委托方解释设计理念,从而更快地与设计委托方达成共识,提高沟通效率。

3.1.2 情绪板的制作

1. 确定原生关键词

首先,需要用用户调研的方式进行大量的数据收集。对不同利益相关者提供的信息进行分析、筛选与整合,从而得出该产品所要传递的核心理念。通常,取用最能够体现产品价值的三个关键词,将其确立为情绪板的原生关键词。原生关键词可以选用抽象化的词汇,以便后期更好地对其进行具象化的拓展。以该阶段学生作业为例,学生以某家韩国料理店的点餐 APP 切入,尝试通过对用户及店家采用观察、访谈等方式获得该店的核心价值,从而确定原生关键词(图 3-1 ~ 图 3-3)。

学生

女　　18　　学生

个人描述

在餐厅附近大学读书。通过他人推荐以及美团等软件了解餐厅。喜欢聚餐，对于食物要求独特美味，喜欢尝试新口味，体验新刺激。

用户群体/USER

定位为餐厅附近的学生和上班族，追求物美价廉、收入不高、喜欢新鲜、热爱美食，以及喜欢舒适的用餐环境等人群。

上班族

女　　30　　职员

个人描述

在餐厅附近工作，比较在意餐厅的性价比，休息时喜欢美食。想要体验各种饮食文化，以及更高档的享受。

改版目标/TARGET

突破改版前，内容不突出，浏览麻烦。希望改版后强调招牌菜和销量口碑好的菜品，结合本店的风格特色，让顾客点餐更轻松、更有效率。

图 3-1　学生作品——确定原生关键词（曹文宁、郭嘉玮、刘畅、姚佳、张校源）

在和老板的对话中我们了解到：老板初中毕业后辍学开始做厨师，做韩国料理主要是因为工资较高。店铺的地理位置在核心商业街非热门地段的美食城，不太好找。起初生意不好。后来因为菜品口味好，生意渐渐变好。

经营理念是温馨的服务氛围和口味地道的菜品，老板认为所有餐厅的经营理念都是这两样。只有服务和菜品做好了，才会吸引更多客人。

服务人群主要是学生、情侣、游客、白领。

该韩国料理店的纸质菜单是店主自己设计的，设计纸质菜单的原因是纸质菜单可以更换，比较方便。

店主希望顾客可以从菜单中看到本店的主打菜品。

图 3-2　学生作品——确定原生关键词（曹文宁、郭嘉玮、刘畅、姚佳、张校源）

图 3-3 学生作品——确定原生关键词（曹文宁、郭嘉玮、刘畅、姚佳、张校源）

2．确定衍生关键词

在原生关键词的基础上可以进行下一步——衍生关键词的联想。基于每一个原生关键词，抽象出 3 ～ 5 个更为具象的衍生关键词，此时，尽可能地选用名词词汇，以帮助我们更好地对应到具体的视觉元素（图 3-4）。

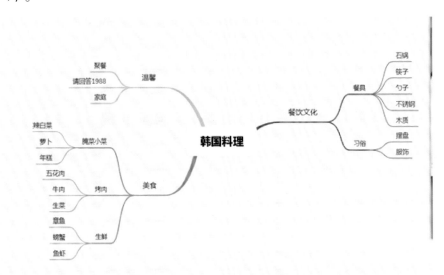

图 3-4 学生作品——确定衍生关键词（曹文宁、郭嘉玮、刘畅、姚佳、张校源）

3．收集图片素材

在确定了衍生关键词后就可以根据这些词汇在互联网图库中寻找其对应的图片。每个衍生关键词可以对应两三张具体的图片。将这些图片拼贴陈列在一起形成一个图片集合（图 3-5）。

图 3-5　学生作品——收集图片素材（曹文宁、郭嘉玮、刘畅、姚佳、张校源）

4．创建情绪板

此时，可以将图片集合出示给用户进行筛选与测试，让他们选出最能代表 3 个核心关键词的若干张图片。根据他们的选择可以更进一步地了解目标用户的视觉偏好（图 3-6）。

5．确立视觉设计

对筛选出来的图片进行视觉元素提取，并进行配色、图标风格、页面构成等方面的视觉映射（图 3-6）。

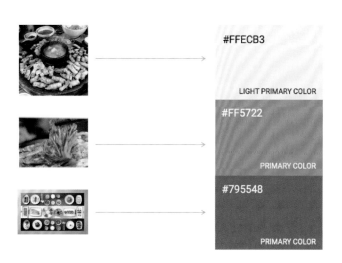

图 3-6　学生作品——创建情绪板并确定主色（曹文宁、郭嘉玮、刘畅、姚佳、张校源）

作业单 07

作业单 07：情绪板制作

作业单目的：熟悉情绪板的制作方法与流程。

对应能力点训练：调研分析能力、资料收集能力、提炼与总结能力、团队协作能力。

作业单号：07。

作业名称：情绪板制作。

作业描述：根据上一章完成的产品概念设计与低保真模型内容，进行进一步的用户调研，确定原生关键词，利用小组内头脑风暴的方式进一步确定衍生关键词并收集对应的图片素材，创建图片集合；然后进一步通过用户筛选确定核心图片并尝试进行视觉映射。

完成形式：情绪板分步骤以 PPT 形式汇总呈现并进行课堂集体汇报。

学生案例：兼职平台 APP 情绪板设计（图 3-7～图 3-15）。

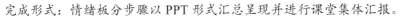

图 3-7　学生团队作品（一）（洪绍鹏、徐贾舒、周菊、江苏梅、仲琳琳）

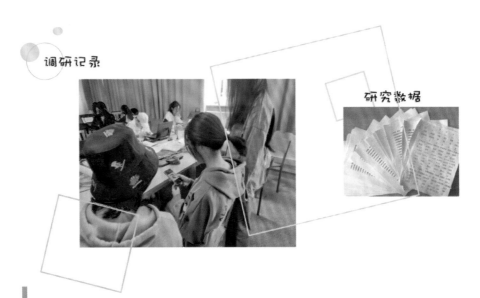

图 3-8　学生团队作品（二）（洪绍鹏、徐贾舒、周菊、江苏梅、仲琳琳）

调研记录

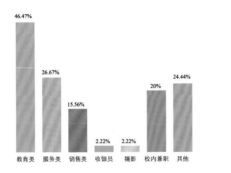
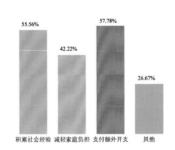

希望从事的兼职类型　　　　兼职的主要原因

图 3-9　学生团队作品（三）（洪绍鹏、徐贾舒、周菊、江苏梅、仲琳琳）

确定原生关键词

适合　　　收益　　　可靠

图 3-10　学生团队作品（四）（洪绍鹏、徐贾舒、周菊、江苏梅、仲琳琳）

确定衍生关键词

图 3-11　学生团队作品（五）（洪绍鹏、徐贾舒、周菊、江苏梅、仲琳琳）

搜集图片素材

图 3-12　学生团队作品（六）（洪绍鹏、徐贾舒、周菊、江苏梅、仲琳琳）

情绪板在界面图标上的应用

灵活，适合　　　　　　　可靠　　　　　　　　稳重

图 3-13　学生团队作品（七）（洪绍鹏、徐贾舒、周菊、江苏梅、仲琳琳）

主题色　　　　　　　　强调色　　　　　　　　辅助色

图 3-14　学生团队作品（八）（洪绍鹏、徐贾舒、周菊、江苏梅、仲琳琳）

图 3-15 学生团队作品（九）（洪绍鹏、徐贾舒、周菊、江苏梅、仲琳琳）

3.2 界面版式设计

界面版式设计相较于其他平面设计，更需要理性的思考，而不能纯粹凭感觉设计。设计师除需要考虑到产品页面的美观性外，还需要重视页面的内在逻辑性。将冗杂的页面信息进行合理化的视觉呈现，可以达到协助用户进行高效、便捷操作的目的。

3.2.1 信息层级设计

一个成熟的界面看似承载了许多信息，但往往能使用户在第一时间定位到他们需要的内容，这是由于其中包含着严谨的思考与设计（图 3-16）。对界面信息层次的梳理与呈现是极为关键的一环。在了解用户需求的基础上对信息进行合理组织，运用不同的视觉属性将元素分组，从而创造出清晰的层次结构。

信息层级设计

这不仅可以应用于数字界面，在如宣传册、书籍功能性较强的纸质媒介设计上也是不可或缺的内容。

以下以一个兼职 APP 界面为案例详细讲解信息层级设计的基本方法。如图 3-16（a）所示，通常一个界面中包含很多信息内容，如果只是将它们简单地罗列出来，将使用户花很长的时间来寻找他们的目标内容。图 3-16（b）所示界面则对于用户要友好得多，由于信息层级的合理规划和设计，用户的使用效率将得到数倍的提升。

为了得到合理的信息层级关系，应对其进行规划。简单来说，即针对每个界面或界面中的区块，都可以分为以下四个步骤来做。

（1）使用对象及其核心行为。在开始设计之前，首先要做的是确定信息的接收对象，即所设计界面的使用者是谁，以及他们想要如何使用这个界面。此时，可以回到之前用户体验研究的步骤进行回看与分析。本页面着重呈现招聘详情，因此，使用对象应该以"寻找招聘信息的大学生"为主。调研发现大部分目标用户会在课余时间寻找兼职，着眼于寻找适合自己专业的兼职工作，以及兼职收入较高的工作。所以，其核心行为应该是筛选工作内容与薪资。

图 3-16　学生作品——信息层级优化（洪绍鹏、徐贾舒、周菊、江苏梅、仲琳琳）

（2）确定界面中包含的所有信息。在确定接收对象与使用场景后，可以将需要设计的信息进行罗列。在此案例中，单条招聘信息包含了工作内容、发布时间、地点、工作领域、平台的认可程度及兼职费用（图 3-17）。

发布于今天的月结PS图片处理工作
位于吴中区
后期剪辑相关工作
发布方是经过平台认证的VIP用户
具有平台保障
兼职费用为150元／天

图 3-17　学生作品——确定界面信息（洪绍鹏、徐贾舒、周菊、江苏梅、仲琳琳）

（3）将信息归类并根据重要级排序。可将本页面内容按照用户需求的重要程度分为三个级别。一级信息对应对象的核心需求，简而言之，就是用户在操作中最为关注的信息。通过第一步的用户分析了解到，对工作内容及薪资的筛选是该页面用户最核心的行为，因此，将其确定为一级信息。二级信息包含了用户可能会关注到的非核心信息。在此案例中对兼职的细节描述，即地点、工作领域可以成为二级信息。除此之外，平台对于兼职发布方的认可程度也是用户对象可能参考的因素，也可以归类到二级信息中。三级信息包含了页面中与核心行为相关度最低的信息，兼职信息发布的时间可以看作这一页面中的三级信息（图 3-18）。

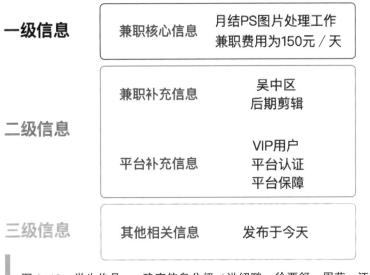

图 3-18 学生作品——确定信息分级（洪绍鹏、徐贾舒、周菊、江苏梅、仲琳琳）

（4）对不同级别的信息进行组织排序。在完成分类排序后，可以尝试根据视觉规律对界面进行大致的划分。由于该案例中的三级信息内容较少，可以先将主要的一级、二级信息区域规划出来，三级信息可在大致规划完成后加入页面（图 3-19）。一级信息作为核心信息，需要将其放在最容易看到的、醒目的位置以便于用户寻找；二级信息则可以放在继核心信息后的次要位置；三级信息可以作为辅助不吸引用户过多的注意力，在规划完大致区域后将信息内容放入对应位置（图 3-20）。可以看到，使用科学的信息层级划分方式后的信息明显地帮助使用者提高了信息读取效率。

图 3-19 学生作品——信息层级排序与组织（洪绍鹏、徐贾舒、周菊、江苏梅、仲琳琳）

图 3-20 学生作品（洪绍鹏、徐贾舒、周菊、江苏梅、仲琳琳）

3.2.2 界面信息规划

心理学家们研究发现，人们的观察与阅读是存在一定规律的。对于这些视觉规律的学习和掌握能够帮我们有针对性地对界面进行排列与规划，从而使界面信息能够更高效地被用户使用。在界面版式设计中，最常被使用到的理论是视觉流程及格式塔心理学两个理论。

界面信息规划

1．视觉流程

（1）先左后右，先上后下。人们的视觉习惯通常是从左到右、从上到下的，如图 3-21 所示。当人们看到一条横向线条时，是倾向于从左到右进行观察；当人们看到一条纵向线条时，则倾向于从上到下观察。因此，在图 3-22 所示案例界面中可以看到，通常局部的核心信息都会摆放在左上方，即观察的最初始位置，以迅速告知页面的重点。而剩余的信息板块则按照从上至下的顺序罗列出来，板块详情则在页面空间允许的情况下进行左右排列。

图 3-21 视觉习惯案例

图 3-22 界面案例

（2）先整体后细节。先来看一个有趣的案例，在观察图 3-23 时，是不是首先看到的是一对拥抱的男女？进一步仔细观察后才发现，他们是由一段段深浅不一的英文字母组成的。人们在观看时，眼、脑并不会在一开始就区分一个形象的各个单一的组成部分，而是将各个部分组合起来，使之成为一个更易于理解的统一体。因此，人们通常会先关注整体再延伸到细节。

如图 3-24 所示，在页面设计中，常用到的卡片式设计就是典型的先整体后细节的案例，将同一主题的信息呈现在一张卡片内容上，当用户去寻找相关信息时首先可以定位到卡片整体，然后寻找其中的细节内容，这样用户的使用效率就得到了有效的提升。

图 3-23
先整体后细节

图 3-24 学生作品——先整体后细节案例（陈守峰、高宇航、姜锦程、寇延榕）

（3）先强后弱。在观察事物时，人们通常会被具有更强视觉冲击力的元素抓住眼球，其次才会注意到其他视觉内容。如图 3-25 所示，人们的视线首先会停留在右边视觉面积最大的部分。因此，视觉元素所占面积的大小形成了一定的强与弱的关系，从而使人们的观察不由自主地形成由强到弱的视觉顺序。除大小外，色彩也是影响这种强弱关系的因素之一。在图 3-26 所示同样大小的圆点中，色彩最鲜明的圆点最为突出，而灰色的圆点则退居其后。

图 3-25 先强后弱（一）

图 3-26 先强后弱（二）

在页面设计中，这种规律也得到了相当广泛的运用。举例来说，在图 3-27 所示的交互式网页设计中，主图在整个页面中占有最大面积，成了界面中最强的视觉焦点。而在左边的可选任务标签区域，被选中的标签呈现出较强的色彩对比，而未被选中的标签则进行虚化处理，与背景更为融合。

图 3-27 学生作品——视觉先强后弱（刘奇、付佳琪、王艺璇）

2．格式塔心理学

（1）接近。当类似物体相互之间靠得更近的时候，人们倾向于把它们归为一组。当看到图 3-28（a）时，人们会更倾向于描述它为"5 组直线"，而不是"10 条直线"。当看到图 3-28（b）时，人们会更倾向于描述它为"4 组小方块"而不是"16 个小方块"。

（a） （b）

图 3-28 接近

接近原则是界面设计中最常用的设计原则之一。在实际的案例中可以发现，不同模块之间通常会相距更远，而同一模块中的信息则聚集得更加紧密（图3-29）。当这种距离被平均化后，就会很难判断出其相关性，如在图3-30中左侧可以轻易地判断文字是对上图的描述，而右侧由于文字和上下图距离基本相同，则无法轻易地作出判断。因此，善于运用接近原则可以很好地帮助人们表达信息之间的关联程度。

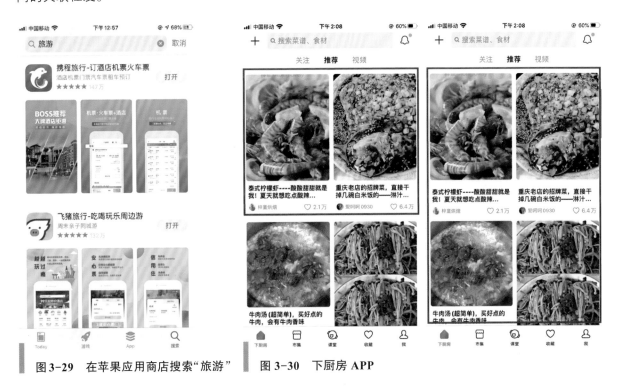

图3-29　在苹果应用商店搜索"旅游"　　**图3-30　下厨房APP**

（2）相似。在其他因素相同的情况下，可以将具有共同特征的物体归为同一组。这种相似可以是大小上的相似、色彩上的相似或图形上的相似（图3-31）。

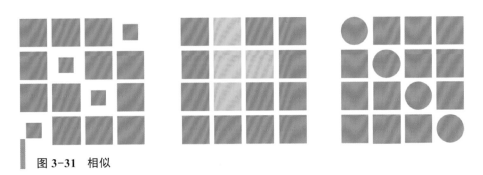

图3-31　相似

例如，在微信"我"界面中每个功能前都放置了相同风格的图标，因此，可以直观地将这几个功能判定为同一层级（图3-32）。相似原则在多文字的网页设计中也应用广泛，可以通过字体差异、大小差异、颜色差异来识别网页中的不同层级（图3-33）。显而易见，"旅游""教育""网易号""政务"处于同一层级，而加粗字体处于同一层级，最后正文字体属于同一层级。当完成信息重要级排序后，相似原则可以很好地帮助人们将不同的级别区分开来。

⊘ 支付	›
⬡ 收藏	›
⊠ 相册	›
▱ 卡包	›
☺ 表情	›
⚙ 设置	›

图 3-32　微信 APP

Ⓐ 旅游

莫斯科：普希金造型艺术博物馆重开　疫情之下 纽约中央公园客流减少

日本将启动旅游支援项目 东京被排除在外

· 希腊边境检测再升级 当局呼吁减少旅行

· 盛夏时节青海湖美丽如画卷

· 中国最长的步行街 被誉为现代清明上河图

· 世界上最深的游泳池 玩一次需要2000元！

Ⓔ 教育

高考放榜了！31省分数线及一分一段表陆续公布中

湖南考生查分693，爸爸比儿子还激动：我很满意！

公布|2020河南高考分数线公布：本科556理科544

英智库抱怨中国留学生太多 高校联盟：英国大学成功

小学毕业照1个学生9个老师 校长：9个老师教全校

全员检测戴口罩 阿布扎比公布复课计划保学生安全

9亿加元助学金项目疑同空壳公司合作 加总理接受质

疫情之下要警惕海外诈骗新套路

可怜宝宝！男孩吃葡萄过敏肿成嘟嘟嘴 爸爸居然还笑

聚焦高考 关注网易教育2020高考报道！

Ⓝ 网易号

据说现在的年轻人离了手机拉屎都困难！　2020 年的胖虎，都是滑铲网友喂出来的

开启下克上的时代

· 原来你们是这样的文物！

· 绝对不要和男友同居！！！

· 我又双叒叕来发战争史杂图了

· 痴情翻译家世界的《红楼梦》是什么样的

Ⓟ 政务

国办:明确应急救援央地财政事权支出责任划分

国家发改委：全力做好下半年稳就业保就业工作

各方真抓实干 老旧小区改造要以"新"换"心"

两部门继续向湖南、江西、安徽调拨防汛救灾物资

卫健委：将应香港抗击疫情需求提供一切必要支持

7省份同日举行公务员省考 招录政策向基层倾斜

限期完成整改！工信部通报58款侵权App整改进度

进出口双增长!中国外贸迎难而上展现强大韧性

住建部公示住房租赁市场试点城市名单 八城入围

17部门发文:完善中小企业财税支持和融资促进制度

图 3-33　网易

（3）闭合。经过大脑的处理，人们会不自觉地将开放的轮廓完整化。例如，对于图3-34，人们会不自觉地将白色部分理解成一个方形，而不是将其描述为四个蓝色三角形。在实际的案例中也可以找到许多类似的设计，如IBM公司经典的logo设计中，三个字母虽然被等距断开，但丝毫不影响人们对它的读取和理解。

图 3-34　闭合

闭合原则近年来在图标设计中非常常见，不闭合的图形既使得整套设计更具有个性，也不妨碍用户的理解与使用（图3-35）。

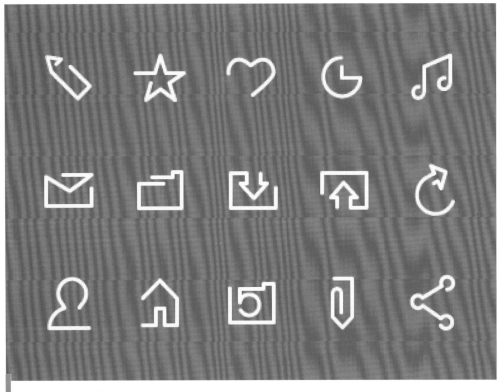

图 3-35　网络图片

除了图标设计外，在界面设计中也能够发现这一原则的应用。如图3-36所示，单条信息并没有明确地划分出规则的矩形，而用户在浏览时还是会不自觉地将文字、图形所拼合成的区域视为一个完整的矩形区域。

（4）连续。人们的视觉倾向于感知连续的形式而不是离散的碎片，因此常会把连续成顺畅线条的元素视为一组。图3-37中的圆点虽然有颜色的相似性干扰，但人们显然将AC视为一条直线，BD视为一条曲线更为顺畅，而不是将其划分为AD、BC。

图 3-36　知乎 APP

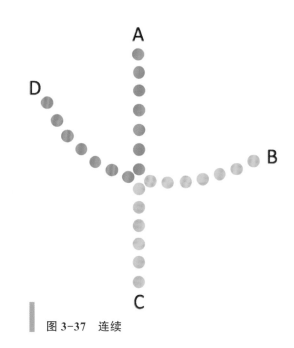

图 3-37　连续

可以利用不同方向的连续来区分不同的区块内容。如图 3-38 所示，厨房活动区块与下部主要内容区块都采取了大图的形式呈现，而上部厨房活动区块采取朝右连续的视觉呈现形式，而主要内容区块采取视觉向下延展的形式，两者明确被区分开，同时能够在各自的方向上做出内容的延展。

（5）简化。比起复杂的图形，人们总是倾向于更简单的、易于快速识别的图形。在界面设计中，需要规避过于复杂的视觉形式，化繁为简，过度烦琐的装饰性元素应该在页面中予以规避（图 3-39）。这种简化是基于用户认识而来，而不是粗暴地删除元素。

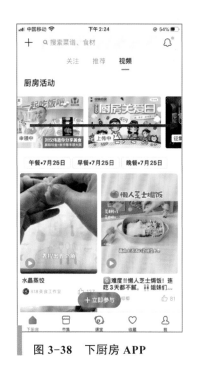

图 3-38　下厨房 APP

图 3-39　简化

举一个非常经典的案例，1921 年的伦敦地铁图采取非常写实的绘制方式，将地铁线路所有的转折变化都描绘出来（图 3-40）。而到了 20 世纪 30 年代，一位叫作哈利·贝克的工程制图员打破了原有的地图制作规范，采取了垂直、平行以及 45° 角的线条对线路进行归纳，简化省略了许多线路细节，并且突出了站点与换乘区域，给乘客以清晰流畅的视觉体验。也就是说，简化是在用户需求分析的基础上对不必要信息的删减，及对必要信息的突出（图 3-41）。

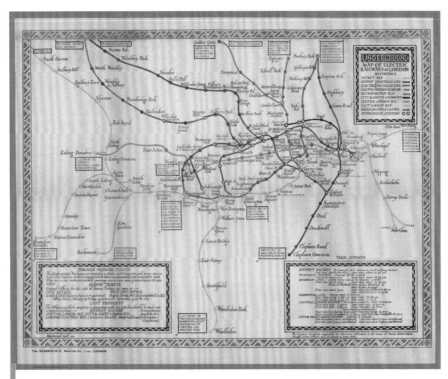

图 3-40　1921 年的伦敦地铁图（网络图片）

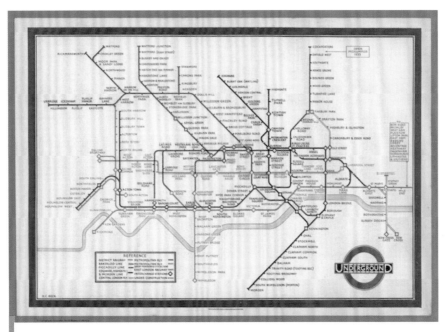

图 3-41　哈利·贝克简化后的伦敦地铁图（网络图片）

3.2.3　界面色彩运用

前文已经讲过了如何通过确定核心关键词所对应的图片定位设计需要用到的元素，以及主要色彩等。下面对如何利用这些色彩来进行页面的色彩设计进行介绍。

界面色彩运用

一般的界面色彩搭配会选择主色、辅助色、高亮色三种不同色相的颜色，并且根据页面需求进行组合搭配。主色通常来源于情绪板得出的核心图片或企业品牌色，辅助色有助于区分主色所表达的内容，而高亮色则可以是对核心内容的强调，或表达对关键交互内容的提示，三者在界面中所占比例依次递减。有时界面也会选择只用一种或两种颜色来营造简约的视觉感受，此时黑、白、灰这三种没有色相的颜色则起到了关键的作用。

1. 单一色

单一的配色在手机界面中最为基础和常见（图 3-42）。由于手机界面大小的限制，过多的颜色如果运用不当反而会给用户识别造成困扰。尤其在以图片为主的界面中，为了使图片内容与界面色彩相互协调，往往只选用一个高亮色。这里单一色的使用并不代表界面中没有层次关系，高亮色凸显核心交互内容，不同层次的灰色起到区块之间的分隔作用。这种方式多见于具有社交分享功能的产品界面（图 3-43），由于多数内容图片来源于用户，色彩多样且难以协调，此时，选择品牌主题色为高亮色，其余的层次用不同层次的灰色来划分，以达到统一美观的效果。

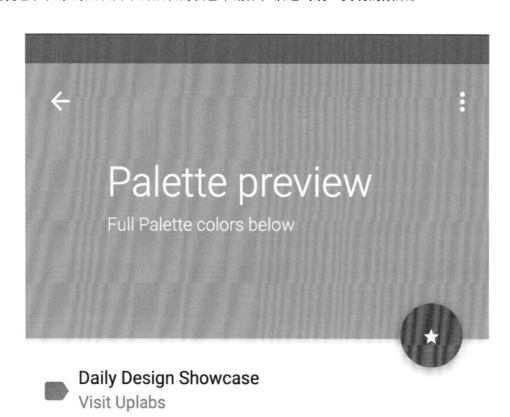

图 3-42　材料调色板（一）

图 3-43 网易云音乐 APP

2. 近似色

近似色是指在色环上相邻，具有较强的相似因素的颜色。近似配色能够在协调统一色调的基础上存在一定的层次变化，可以帮助人们创造和谐的美感，给人整体协调统一的感觉，是新手设计中经常用到且不容易出错的一种配色方式（图 3-44）。例如，"七夕"不同平台商城页面为了营造出浪漫的气氛，不约而同地使用粉红色作为主色调，在此主题色调下利用近似色做出变化，既不会破坏整体氛围，又起到了丰富画面的作用（图 3-45、图 3-46）。

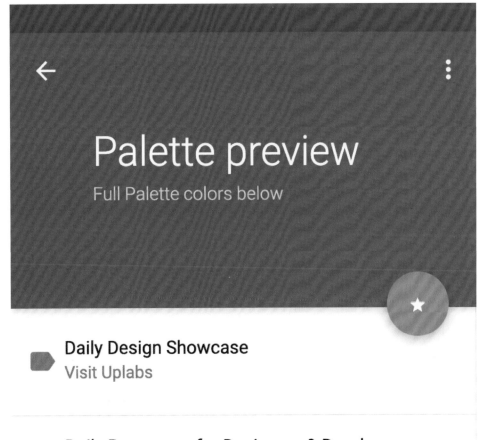

图 3-44 材料调色板（二）

图 3-45 小红书 APP

图 3-46 淘宝 APP

3．柔和对比色

柔和对比的配色既保留了色彩对比的趣味性，又不会产生过于强烈的视觉冲突感受。这种配色方式通常会用到色环中相互间隔的颜色（图 3-47）。例如图 3-48 中使用了深绿色作为主色调，配合蓝色、黄色表现交互元素与核心信息。

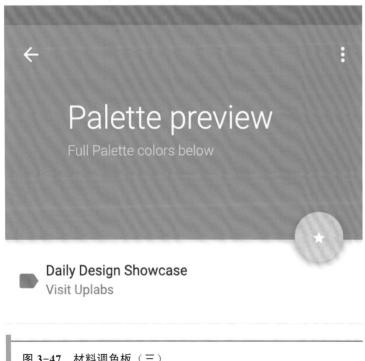

图 3-47 材料调色板（三）

图 3-48 好好住 APP（一）

4．强烈对比色

强烈对比的配色方法要用色环中的补色进行设计，这种配色方式在广告活动页面中时常被使用，通常会给用户带来更为强烈震撼的视觉感受（图 3-49）。值得注意的是，过于强烈的补色对比会对用户的浏览造成负面的影响。因此，人们通常采用小面积的对比或采取降低对比色明度和纯度的方式来柔和画面。例如，图 3-50 中对蓝紫色与橙黄色的明度与纯度都作了一定程度的调整，以使整体画面感协调而强烈。

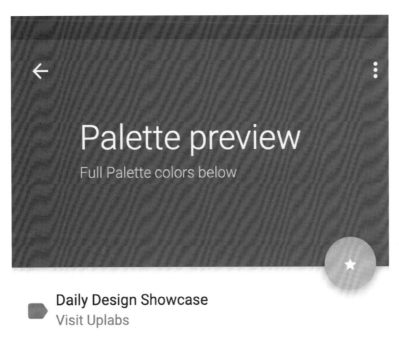

图 3-49　材料调色板（四）

图 3-50　好好住 APP（二）

作业单 08：界面版式设计练习——高保真视觉设计

作业单目的：熟悉界面版式设计相关的方法与原则，并将其合理地运用到实际操作中。

对应能力点训练：调研分析能力、信息整合能力、视觉转化能力、软件操作能力。

作业单号：08。

作业名称：界面版式设计练习——高保真视觉设计。

作业单 08

作业描述：基于上一章所做出的情绪板低保真设计进行进一步转化，完成高保真视觉设计，注意合理地运用本章所讲述的界面版式设计技巧。

学生案例：兼职平台 APP 高保真设计（图 3-51～图 3-53）。

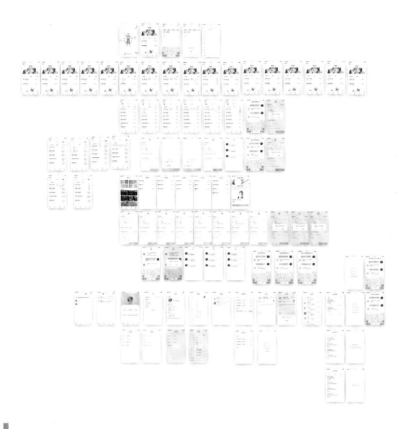

图 3-51 学生案例——兼职平台 APP 高保真设计（一）（洪绍鹏、徐贾舒、周菊、江苏梅、仲琳琳）

图 3-52 学生案例——兼职平台 APP 高保真设计（二）（洪绍鹏、徐贾舒、周菊、江苏梅、仲琳琳）

图 3-53 学生案例——兼职平台 APP 高保真设计（三）（洪绍鹏、徐贾舒、周菊、江苏梅、仲琳琳）

3.3 图标设计

3.3.1 图标的定义

在正式开始学习设计图标以前，首先需要了解图标的定义。从广义上来说，图标是指代意义的图形符号，它帮助人们快速地进行信息的表达与传递。例如，我们时常可以在公共场合中看到图 3-54 所示的图标。从狭义上来说，图标则是指应用于计算机软件方面的程序标识、数据标识、命令选择标识、模式信号或切换开关标识、状态指示标识等（图 3-55），是具有明确指代含义的计算机图形。

图标的定义和作用

图 3-54 图标示例

图 3-55 苹果官方图标

3.3.2　图标的作用

1. 快速传递信息

图标代替了文字及语言，通过直观的视觉图形方式，解释了产品中的功能、类别、交互等内容。图标的存在有助于迅速定位，使用户找到自己需要的内容，辅助用户作出决定与判断，从而使产品拥有更高的使用效率（图 3-56）。

图 3-56　苹果官方网站

2. 强化品牌形象

好的图标设计往往反映出品牌本身的特质，通过图标中视觉元素的设计规划，使目标用户对品牌的印象进一步加深，因此，图标也起到了强化品牌形象的作用（图 3-57）。

图 3-57　淘宝 APP

3.3.3　图标的分类

在交互设计中，理解图标的角度不同，会产生相应不同的归类方法。如果从象征意义的角度来看，可以将图标分为具象型图标和抽象型图标（图 3-58）；如果从功能使用的角度分类，那么图标可以分为说明性图标（图 3-59）和交互性图标（图 3-60）；如果从视觉设计的角度切入，则可以将图标分为线型图标、面型图标、线面结合型图标。本书主要通过第三种方式切入，帮助设计者更好

图标的分裂

图 3-58　学生作品——具象型图标如"食物""动物""旅行"等，抽象型图标如"梦想""旅行""交流"等（王盈）

图 3-59 说明性图标（胡孙健、尹涛、陆帅作品）　　图 3-60 交互性图标（胡孙健、尹涛、陆帅作品）

地从视觉方面对图标进行理解及创作。

1. 线型图标

线型图标通过简化的线性图形将含义准确、直接地传递给使用者（图 3-61）。此类图标更重视对功能的强调，如常见的"返回"及"添加"按钮。图标采用纯线型设计，导致视觉重量相比而言偏轻，因此，线型图标不会抢走视觉中心的位置，可以很好地融入页面的整体设计。

图 3-61 线型图标案例

2. 面型图标

相较线型图标而言，面型图标在简洁的基础上拥有较大的视觉重量感，因此具有更强的视觉冲击力。这类图标起到了突出重要性的作用，因此，常用于展现较高信息层级的内容。例如，部分产品会使用线型图标作为未选中状态标识，使用面型图标作为选中状态标识，从而产生强有力的视觉对比，使用户明确了解自己在产品中所处的位置（图 3-62）。

图 3-62 面型图标案例（豆瓣 APP）

3. 线面结合型图标

线面结合型图标在设计上结合了平面设计中的点、线、面的综合因素，因此更为丰富多变，强调个性化风格。线面结合型图标的运用能够更好地突出产品主题及风格，表达产品个性（图 3-63）。

图 3-63 学生作品——线面结合型图标案例（刘玲丽）

3.3.4 图标设计的原则

1. 意义明确

图标设计的核心目的是将意义准确地传达给用户，换句话说，用户需要在第一眼看到图标的时候就能准确理解其所对应的属性及功能。如图 3-64 中的 3 个相机图标，虽然风格各有不同，但都精准地概括出了所要表达的意图。在对图标意义进行视觉描述时，一定要清晰准确，不可模糊不清。这个准则同样适用于抽象性图标的设计。图 3-65 中图标想传递的含义为"合作"，通过两手紧握的图形对"合作"概念进行了明确的诠释。

图标设计的原则

在实际设计过程中，可以利用上一章所讲到的情绪板的方式来确定所传达意义最接近、最适合用户对象的图标形象，并在此基础上进行深入的设计创作。

图 3-64 相机图标

图 3-65 "合作"图标

2. 统一

（1）整体风格的统一。当选定与整体页面协调的图标风格后，应该注意保证将这一风格运用到所有图标中，保证整组图标的关联性。这其中需要注意的是图标视觉类别的统一、轮廓粗细的统一、色彩的统一，以及材质与纹理的统一（图 3-66）。

图 3-66 学生作品（赖思楚）

（2）视觉大小的统一。在图标的设计中，人们更多地关注其尺寸的大小而忽略视觉的大小。在同样特性的条件下，正方形的视觉重量大于圆形和三角形，图标设计相比简单的几何图形更为复杂多变，需要在设计过程中不断调整以达到视觉大小均衡。如图 3-67 所示，矩形造型图标与圆形造型图标在高度统一的情况下，圆形造型图标所占的实际面积更小，因此造成了两者视觉重量的不均衡（图 3-68）。在后期的设计中，可将圆形图标略微放大以形成较为均衡的视觉感受。

图 3-67 视觉重量

图 3-68 学生作品——图标视觉大小对比（林晨）

3. 简洁

保持图标的简洁实际上是在帮助用户更加迅速地识别其所传达的含义，从而帮助用户更加高效地完成任务。这里的简洁并不是简单地对图标设计内容进行删减，而是替用户规避一些干扰的信息，通过设计呈现出核心要素。

4. 独特且美观

上文提到，图标有帮助传达品牌个性与特征的作用，因此，在上述几个原则的基础上，加入一定的个性化设计并使图标始终保持美观，是提升产品整体设计效果的好方法。然而这种独特性有时会削弱图标的可识别性。图 3-69 所示是一组非常具有个性的图标设计作业，其设计风格独特有趣，然而在理解识别方面则稍有不足。因此，如何平衡图标的个性与通识性是需要在设计后期不断探索的。

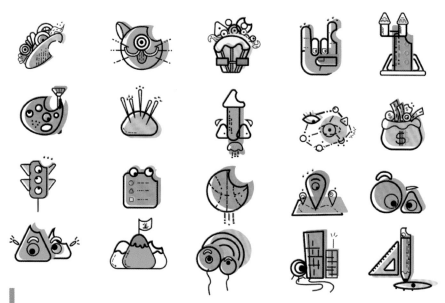

图 3-69 学生作品——icon 的独特与美观（王雨欣）

作业单 09：主题图标设计

作业单目的：熟悉和掌握图标设计制作方法。

对应能力点训练：情绪板转化能力、图形抽象能力、图形归纳能力、软件操作能力。

作业单号：09。

作业名称：主题图标设计。

作业描述：根据所给出的 20 个关键词，设计 20 个对应的线型图标、20 个面型图标或线面结合型图标（食物、动物、音乐、电影、建筑、艺术、设计、中医、航天、科技、银行、交通、计划、运动、旅行、交流、友谊、激励、梦想、城市）。

完成形式：以源文件形式与图片形式提交。

学生案例：图标创意设计（图 3-70～图 3-77）。

作业单 09

图 3-70 学生作品（赖思楚）

图 3-71 学生作品（赖思楚）

图 3-72 学生作品（王盈）

图 3-73　学生作品（袁麦）

图 3-74　学生作品（江苏梅）

图 3-75　学生作品（江苏梅）

图 3-76　学生作品（张校源）

图 3-77 学生作品（张校源）

思考与实践

1. 思考移动产品视觉设计和纸质产品视觉设计的差异点。

2. 选择一个你认为设计得不错的移动产品，对其主要页面进行视觉层级的分析。

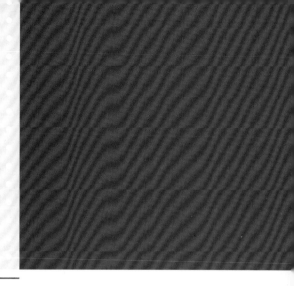

第 4 章
交互与动效设计

学习目标：

通过本章的学习，读者应了解交互设计中的动效设计，明确交互与动效之间的关系，以便在今后的动效设计中能够从设计师的角度去理解动效在不同产品上所需要做到的"度"，并很好地独立完成设计。同时，在实践中提升对动效设计的理解，紧跟动态设计的产业化发展趋势及数字内容产业的发展态势，做到与时俱进。

4.1 动效设计概述

4.1.1 交互设计中的动效设计

交互设计中
的动效设计

动效设计在扁平化设计兴起之后开始在交互领域崭露头角。扁平化设计回归了产品设计的本质，给用户提供了更好的用户体验，但同时层级关系也变得难以展现。所以，Google 公司推出了 Material Design 设计语言。在 Material Design 的设计规范中，讲述了 Motion 这一重要的知识点，详细地说明了关于动效设计的各种规则。

在 Material Design 中，最重要的信息载体就是"魔法纸片"（图 4-1）。纸片层叠、合并、分离，拥有现实中的厚度、惯性和反馈，同时拥有液体的一些特性，能够自由伸展变形。

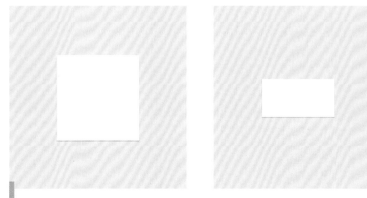

图 4-1 任意变形的"魔法纸片"

Material Design 引入了 z 轴的概念，z 轴垂直于屏幕，用来表现元素的层叠关系（图 4-2）。

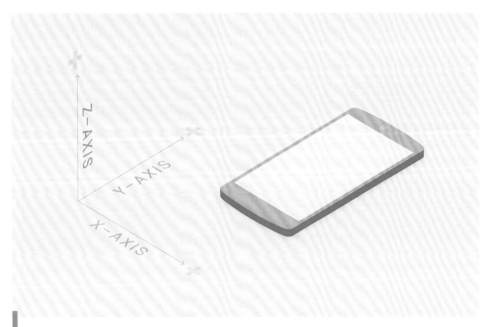

图 4-2　用 z 轴垂直于屏幕表现元素的层叠关系

Material Design 用阴影的深度来表达层级。Material Design 系统规定了很多阴影的深度层级来表达不同的高度层级（图 4-3）。

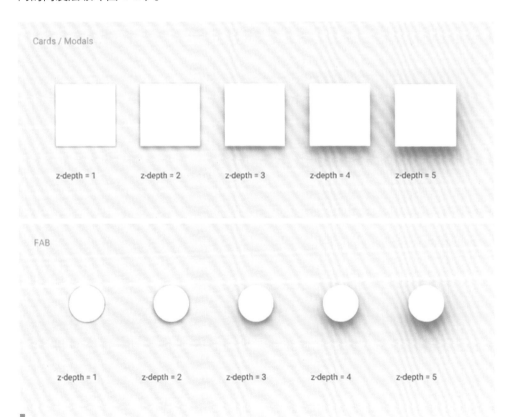

图 4-3　用阴影的深度表达层级

基于 Material Design "魔法纸片"设计，页面的内容被浓缩在每一个类似卡片的构件中，这些构件可以拼贴、分解和相互运动（图 4-4）。

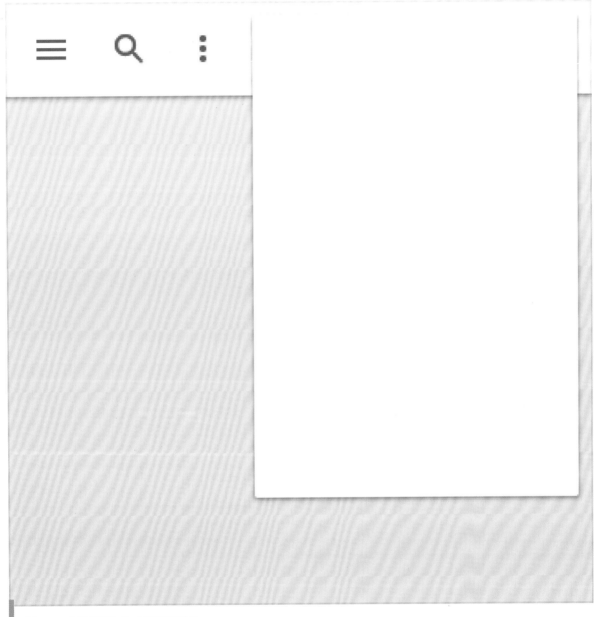

图 4-4　可以拼贴的"魔法纸片"

根据 Material Design 语言中纸片拼贴的特点，Google 公司继续给出了 Material Design 的动效特性。Material Design 系统的动效具有以下特性：

（1）响应式的。Material Design 的动效是充满活力的。它能迅速精确地响应用户所触发的内容。在移动设备上的长动画时间为 300 ～ 400 ms（毫秒）（图 4-5），短动画时间为 150 ～ 200 ms（图 4-6）。

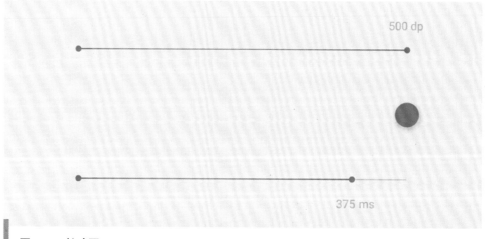

图 4-5 长动画

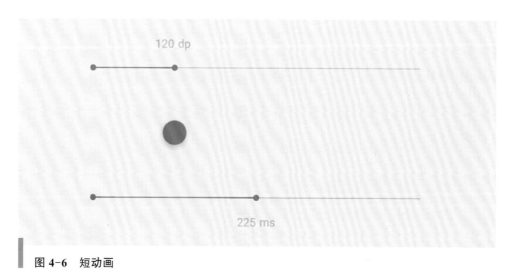

图 4-6 短动画

（2）自然的。Material Design 的动效模仿真实世界的力，展现了自然的运动过程。在真实的世界中，一个物体可以被重量、表面摩擦力影响而很快地加速或减速。同样，Material Design 的动效会有一个加速度或减速度（图 4-7）。

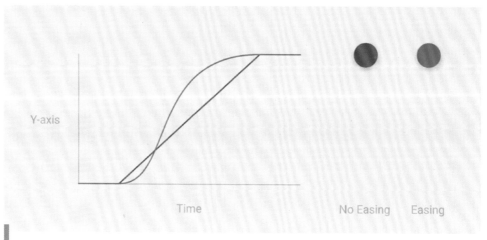

图 4-7 蓝色为材料设计（**Material Design**）的运动曲线

（3）可察觉的。Material Design 的动效是可以被周围环境察觉的，包括用户和周围其他元素。它可以被物体吸引，并且恰当地回应用户的意图（图 4-8）。

图 4-8　点击中间方块并放大弹出的动效

（4）有引导意向的。Material Design 的动效有助于引导用户进行下一步的交互。运动可以传递不同的信号，如一个操作是否不可用，能使用户关注特定对象（图 4-9）。

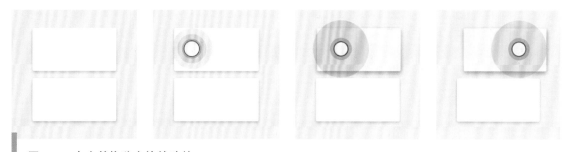

图 4-9　点击并拖移方块的动效

在进行动效设计的时候都需要遵循以上 Material Design 系统的动效特性。更多 Material Design 系统的动效特性可以去其官方网站查看。

换一个角度来说，可以将动效理解为用类似动画的手法，赋予界面"生命"，利用动态的设计形式去解决扁平化设计带来的弊端，更好地让用户理解层级关系，赋予设计情感，改良用户体验，让交互设计产品更加完善。

4.1.2　动效设计的作用

好的动效设计能让产品变得更加有亲和力，使用户在使用产品的时候能够更好地理解层级信息与状态信息及功能性的提示。

因此，动效设计的作用主要有：

（1）让层级变化更加流畅；

（2）让用户得到更好的视觉反馈；

（3）让用户有情感的体验；

（4）让用户更加愉悦。

动效设计的
作用和评判

4.1.3　动效设计的评判

在了解了动效设计及动效设计的作用后，应明白评判动效设计的标准并不是动效越酷炫越高级，也不是动效越多越精彩。好的动效应该服务于用户体验，要为功能服务，提高产品的可用性与识别度，赋予产品一定的情感，同时需要具有视觉美感。好的动效是合适的，是"隐形"的，是产品的一部分。在设计动效的时候千万不能喧宾夺主、画蛇添足。

例如，如图 4-10 所示的 APP 动效，在点击中间黑色的菜单之后，页面飞快地扩大，白色文字部分拉长以显示出更多细节的文字，同时心形的点赞弹出。整个动效并没有炫技，然而动作迅速流畅，一气呵成，不拖泥带水。该动效在极短的时间内将用户所需要的信息呈现在用户的眼前，使用户几乎感觉不到动效的存在，只是觉得文字的出现非常合理，自然不突兀。这就是好的动效。

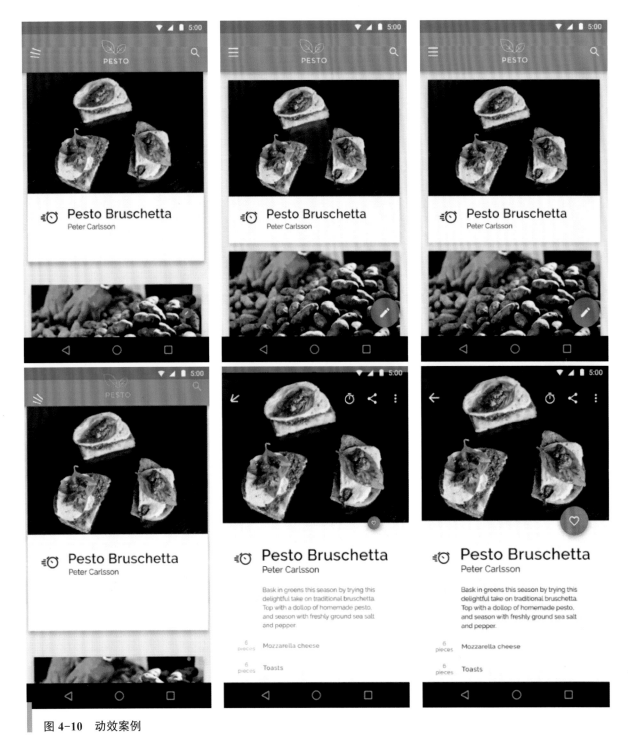

图 4-10 动效案例

4.1.4 动效设计的分类

动效设计可以运用在各个方面，如动态 logo、动态海报、动态字体、网页、交互界面、UI、微交互等。在交互设计领域，动效可以分为以下两个方面：

（1）让小元素、图标（图 4-11）、插图（图 4-12）动起来，可增加产品的情感，获得更好的用户体验。

（2）让静态的界面动起来（图 4-13），用动效去做界面的跳转、链接，使产品在使用过程中更加流畅。

动效设计的分类

图 4-11　图标动效

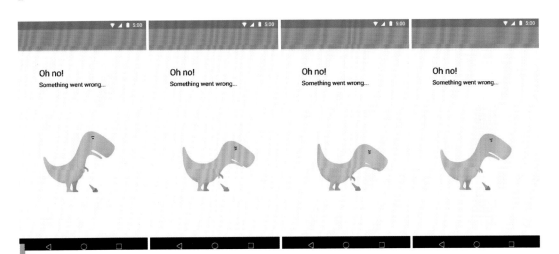

图 4-12　插图动效

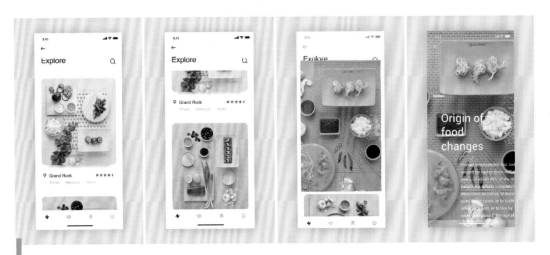

图 4-13　界面动效

4.2 动效设计

4.2.1 动效设计的软件

动效设计

在明白了动效设计的分类以后，需要根据动效种类的不同用不同的软件去设计与制作这些动效。对于小元素、图标、插画的动效，本书推荐使用 Adobe After Effects 进行制作。对于界面的跳转，本书推荐使用 Hype 进行制作。

这两款软件各有千秋，Adobe After Effects 是一款比较全能的软件（图 4-14），几乎可以制作任何想要的效果，但是操作相对复杂，时间成本较高。

Hype 操作简单，效率高，配合 Sketch 使用适合制作快速展示用 DEMO 和进行一些简单的动效设计（图 4-15）。

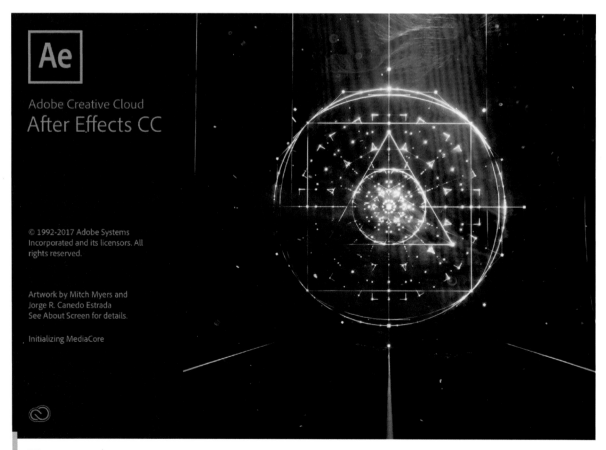

图 4-14 Adobe After Effects

图 4-15 Hype

4.2.2 图标动效设计

设计师要想进行动效的设计与制作，必须具备一定的软件操作能力，图标的动效相对比较简单，所以，可以从图标动效设计开始，慢慢地进入动效设计的世界。

首先需要对 Adobe After Effects 进行学习。因此，在介绍完动效设计的概念与分类之后，再通过作业单 10，基于 Adobe After Effects 的软件教学，让学生设计并制作图标的动效，从而在一定程度上形成自己对图标设计的理解。最后，完成表达与分享。

作业单 10：图标动效设计

作业单目的：通过制作图标动效，掌握 Adobe After Effects 的基本操作，并通过分析案例理解图标设计的一些法则与技巧，达到基本掌握图标动效设计。

对应能力点训练：Adobe After Effects 软件的运用、图标动效设计的规则、不同类型的图标动效表达。

作业单号：10。

作业名称：图标动效设计。

作业描述：基于前置课程设计的图标，设计并制作图标的动效。

完成形式：线型图标、扁平化图标、线面型图标动效各 1 个，提交形式为 500 像素 ×500 像素的视频或 GIF 图片。

作业单 10

在设计之前请同学们思考以下问题：

（1）观察前置课程设计的图标，明确图标的类型。

（2）如何通过动效表现不同类型图标？

（3）寻找 2～3 个类似的设计案例。

（4）讲出自己的初步构想，并说明理由。

图标基本上分为线型图标、扁平化图标和线面型图标 3 种类型。

学生部分作业参考，如图 4-16～图 4-19 所示。

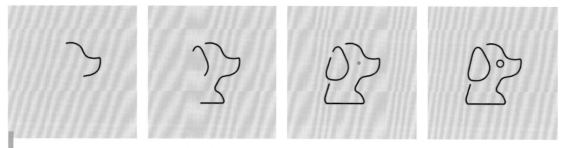

图 4-16 学生作业——图标动效设计（周凯燕）

图 4-17 学生作业——图标动效设计（刘奇）

图 4-18 学生作业——图标动效设计（赖思楚）

图 4-19 学生作业——图标动效设计（黄豪）

　　对于不同类型的图标，使用的动效略有不同：对于线型图标主要以生长动画来完成；对于扁平化块面状的图标主要以弹动的形式来完成；对于线面型图标则可以结合两种方式来完成。但并不是说每个类型的图标只能对应上面所讲的动画方式。具体还需要结合图标的内容来判断。

　　在制作图标的过程中，可以给图标增加适当的质感效果，如投影、高光，这些效果都能够使动效更加生动。

图标动效设计一般遵守下面几点规则：

（1）图标动效比较短暂，一般在 1 ～ 2 s 之内完成。

（2）图标动效一般由快速的出法和缓慢的小动作构成。

（3）图标的快速出法以弹动或者生长为主，需要非常迅速且富有弹性。

（4）图标出现之后，缓慢的小动作以循环动画或微动作构成。

4.2.3　页面动效设计

对于页面动效设计，主要的原则可以完全参照 Google Material Design 设计规范中的 Motion 部分。这个部分主要能使学生完成静态页面的动态演绎，并能够通过 Hype 软件制作出可以在网页上用鼠标单击的演示 DEMO。

作业单 11：APP 页面动效设计

作业单目的：学习 Hype 软件的使用方法，理解页面动效设计的原则，完成 APP 页面完整的动态流程。

对应能力点训练：Hype 软件的运用、页面动效设计的规则、页面的动态呈现。

作业单号：11。

作业名称：APP 页面动效设计。

作业描述：

（1）课堂作业：根据给定素材制作 iTunes 的页面跳转与内容拖移动效。

（2）课后作业：自选页面进行页面的动效制作。

完成形式：Hype 打包工程文件两个。

作业单 11

完成步骤：

（1）在课堂用给定素材（图 4-20）制作页面的跳转与内容拖移动效，学习并掌握 Hype 软件的基本操作。

（2）完成课后作业，在指定的时间上交。

图 4-20　给定素材示例

学生部分作业参考，如图 4-21 所示。

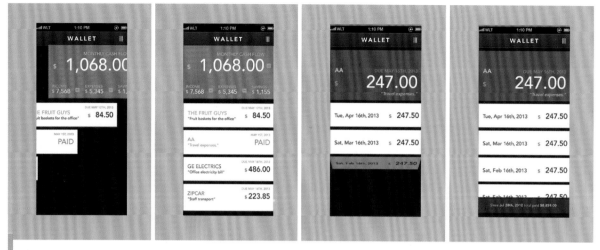

图 4-21　学生作业——自选页面动效制作（张杰）

作业单 11 的难度不大，因为 Hype 相对 Adobe After Effects 来说是一个比较好掌握的软件。因此，在进行页面动效制作的时候主要需注意页面动效的速度、连贯性、统一性和一致性。

4.2.4　综合练习

在熟悉了两种动效设计的基本内容，掌握了两种动效设计软件的使用方法之后，就可以进一步深入动效设计的学习。在交互设计领域，动效是为产品服务的，因此，动效设计不仅要能表达某一个图标的动效，更重要的是给产品增加活力，让用户有更好的使用体验。

在综合练习阶段，需要学生能够从一个完整产品的角度出发，深入理解和思考如何加入合适的动效。

作业单 12：完整的产品动效设计

作业单目的：在前置作业的基础上，设计并制作出一套完整的动效设计，能够让产品有一个完成度比较高的展示。

对应能力点训练：Adobe After Effects 软件的运用，Hype 软件的运用，页面动效的完整呈现，页面插图、按钮、元素等动效的呈现。

作业单号：12。

作业名称：完整的产品动效设计。

作业描述：

作业单 12

（1）选取一个前置课程的作业，根据产品内容与实际需求，设计并制作相关动效。

（2）将所有内容整合成一个 DEMO，较为完整地演示产品。

完成形式：产品演示视频一个。

完成步骤：

（1）在课堂分组，讨论自己小组的 APP 需要哪些动效，根据前置课程的页面设计流程规划出页面的动效。

（2）讨论并汇报预计要制作的动效，以及制作这个动效的理由。

（3）使用软件进行动效设计，注意动效设计的基本原则。

（4）将小元素的动效与 APP 的动效相结合产生一个完整的产品演示视频。

学生部分作业参考，如图 4-22 ～图 4-26 所示。

图 4-22 学生作业——产品页面设计（王帅组）

图 4-23 学生作业——反馈动效设计（王帅组）

图 4-24 学生作业——首页小人奔跑动效设计（王帅组）

图4-25 学生作业——打印账单动效设计（王帅组）

图4-26 学生作业——聚会选择页面动效设计（王帅组）

　　这一组学生做的是一款用于聚餐的APP，在经过详细的讨论与分析之后，针对大学生群体这样的用户群，他们得出的结论是需要做一些与用户年龄层匹配的有趣的动效来让这款产品更加有亲和力，希望这款产品的气质能和大学生一样充满朝气，也符合、凸显聚会开心、有趣的氛围。因此，他们在产品元素的动效设计上大胆地加入了许多年轻的元素，如奔跑的小人、打印账单的打印机。

在聚会选择页面，娱乐项目被选中后的状态是曲线加速掉落在下方长条状"聚会魔盒"中。这个动效的作用是引导用户操作，从人的实际直觉出发，移动的物体会吸引人的视线，东西掉落到哪里，人便会出于本能到哪里寻找。用户注意到"聚会魔盒"进而发现如何进行下一步操作，这个指引仅在 0.5 s 内完成时，这会使用户熟悉软件的时间成本大幅降低。

借助这些生动的动效再结合页面的滑动与跳转让这款产品具有了很高的完成度，在制作动效的时候，不断地思考如何让动效更好地服务于产品才是最重要的。通过这个综合作业可以让交互设计领域的动效得到融会贯通，从而能够更好地理解动效，很好地完成动效设计。

综上所述，若要设计出好的动效，须注意以下几点：

（1）要结合产品进行设计，设计思路要符合产品的体验。

（2）需要了解基本的动效设计原理，基本的运动规律、节奏和动画的一些基本常识。

（3）可以从生活出发多看多思考，在这个不断运动的世界中，每天都能看到各种不停运动的东西，对不同的运动产生不一样的情感，要用心体会。

（4）可以多看成熟的案例，学会拆解别人设计的动效，在动效设计师的眼里，所有的东西都是可以拆散的、由时间串联起来的元素。

交互设计领域的动效是展现界面间的转换和界面内元素变化的交互反馈，效果表现在触发与结束的过程中，表现清晰的层级关系，自然地引出与结束。交互设计有着承上启下的重要作用。在设计动效时，要注意避免"过于花哨""刻意标新立异"等问题，不能刻意炫技，为了动而动。应做到一切从实用性出发，通过交互动效使用户清晰地感受到当前所处的场景和处理事件时的步骤关系，只有做到这一点，才能够很好地设计动效。当然，优秀的动效设计师要做到的远不止这几点。通过动效给用户制造惊喜感，从而使用户愉悦是动效设计师更高阶段的追求。

思考与实践

1. 思考在设计动效时，首先需要考虑的出发点，以及动效的表达在设计中应该起到的作用。

2. 思考动效设计中，动效与交互设计的关系。

3. 选择一个产品，观察这款产品的动效设计，分析其动效是否做到了"锦上添花"；如果没有，提出优化的设计方案。

参考文献

［1］辛向阳. 混沌中浮现的交互设计［J］. 设计，2011（2）：45-47.

［2］马华. 移动媒体交互设计工作室教学实践的探索［J］. 苏州工艺美术职业技术学院学报，2015（2）：79-84.

［3］陶雪琼. 基于普适计算的无界面交互设计研究［J］. 设计，2020，33（13）：100-103.

［4］兰玉琪，刘湃. 基于用户体验的交互产品情感化研究［J］. 包装工程，2019，40（12）：23-28.

［5］徐兴，李敏敏，李炫霏，等. 交互设计方法的分类研究及其可视化［J］. 包装工程，2020，41（4）：43-54.

［6］杨琨钰，王伟伟. 我国用户体验设计发展研究分析［J］. 设计，2020，33（13）：117-119.

［7］舟航. 交互设计知识点——用户体验地图［DB/OL］. 简书，https://www.jianshu.com/p/0026a56ea25d.

［8］Chris Risdon. 解析体验地图［DB/OL］. 互联网的那点事，http://www.alibuybuy.com/posts/84584.html.

［9］Chris. 视觉设计师要如何使用用户体验地图？［DB/OL］. 人人都是产品经理，http://www.woshipm.com/ucd/1759027.html.

［10］Chris Risdon. Anatomy of an Experience Map［DB/OL］. Center Centre-UIE，https://articles.uie.com/experience_map.

［11］（美）Mike Kuniavsky. 用户体验面面观——方法、工具与实践［M］. 汤梅，译. 北京：清华大学出版社，2010.

［12］（美）杰西·詹姆斯·加勒特. 用户体验要素——以用户为中心的产品设计（原书第2版）［M］. 范晓燕，译. 北京：机械工业出版社，2019.

［13］用心思考从C端到B端的情感化设计方法和学习企业级产品的设计语言，http：//www.xueui.cn/experience/discussion/emotional-design-method-from-c-end-to-b-end.html?ref=r.

［14］交互设计知识点——用户体验地图，https://www.jianshu.com/p/0026a56ea25d.